Grün ist **LEBEN**

BdB-Handbuch II

Nadelgehölze
und
Rhododendron

Björn Ehsen • Hans-Roland Müller

Grün ist LEBEN
BdB-Handbuch II

Nadelgehölze und Rhododendron

greenPRINT

avBUCH

Impressum

Der Bildnachweis wurde von Verlag und Autoren nach bestem Wissen und Gewissen erstellt.
Sollten einzelne Fotografen nicht genannt oder Bilder falsch zugeordnet sein, bitten wir um Mitteilung.
Bilder mit dem Hinweis: siehe Impressum wurden der 2. Auflage des vorliegenden Bandes entnommen.

Zeichenerklärung:
® Markenschutz
Ⓢ Sortenschutz

3. erweiterte Auflage 2014, unveränderter Nachdruck 2025

Gestaltung und Satz: Hantsch & Jesch PrePress Services OG, Wien
Lektorat: Christine Weidenweber, Weibersbrunn, www.verbene.eu
Titelfoto: Björn Ehsen
Druck: Graspo, www.graspo.com

Deutsche Nationalbibliothek – CIP-Einheitsaufnahme
Die Deutsche Nationalbibliothek verzeichnet diese Publikation in der Deutschen Nationalbibliografie;
detaillierte bibliografische Daten sind im Internet über http://dnb.ddb.de abrufbar.

Printed in Germany

ISBN: 978-3-8404-8204-5

Inhalt

Vorwort des BdB-Präsidenten

In diesem Buch werden über 400 Arten beziehungsweise Sorten beschrieben. Die beiden Autoren haben in enger Abstimmung mit dem Berufsverband die Gehölze ausgesucht, die auch standardmäßig in deutschen Baumschulen produziert und im Einzelhandel angeboten werden. Selbstverständlich ist das Sortiment um einiges vielfältiger. Aus Platzgründen musste leider auf das Regional- und Raritätensortiment verzichtet werden.
Schon seit 30 Jahren gilt das BdB-Handbuch „Nadelgehölze und Rhododendron“ als das Standardwerk, das auch schon immer vom Berufsverband unterstützt worden ist.

Mit den Herren Björn Ehsen und Hans-Roland Müller haben wir zwei Autoren gewinnen können, die in der Baumschulbranche als versierte Fachleute akzeptiert sind und durch ihre Mitarbeit in BdB-Gremien den „direkten Draht“ zur Praxis pflegen.

Dieses BdB-Handbuch ist ein unverzichtbares Nachschlagwerk für Baumschuler, Gehölzliebhaber und Hobbygärtner. Generationen von Auszubildenden war und ist es eine große Hilfe.

Ich würde mich freuen, wenn diese aktualisierte Ausgabe ebenso erfolgreich wird wie die vorherigen.

Helmut Selders
Präsident
Bund deutscher Baumschulen (BdB) e. V.

Winterhärtezonen für Gehölze in Mitteleuropa

Um Ihnen die Erfahrungen von Baumschulern und Pflanzenverwendern hinsichtlich der Winterhärte der hier vorgestellten Nadelgehölze und Rhododendron weitergeben zu können, nutzen wir in diesem Buch die Winterhärtezonenkarte für Mitteleuropa (Quelle: Heinze und Schreiber 1984). Eine Winterhärtezone kennzeichnet den Bereich, in dem eine Gehölzart oder -sorte in der Regel noch frosthart ist. Die Winterhärtezonen und deren Temperaturbereiche resultieren aus dem dort vorherrschenden „mittleren jährlichen Minimum der Lufttemperatur" (t_{min}). Diese Maßzahl ist die geeignetste, um die Winterhärte eines Gehölzes für eine bestimmte Region einschätzen zu können. In den Sortenbeschreibungen sind alle Arten und Sorten unter dem Stichpunkt „Winterhärte" einer entsprechenden Winterhärtezone zugeordnet. Pflanzen wachsen teilweise in Gebieten von vier oder mehr Zonen. Es wird jeweils die niedrigste Zone angegeben, die das Gehölz noch erträgt. Winterhärte 6b bedeutet beispielsweise, dass dieses Gehölz bis zu einer mittleren jährlichen Minimumtemperatur von etwa –17,8 °C bis –20,5 °C frosthart ist. Wird die im Textteil angegebene Winterhärtezone mit der für Ihren Standort zutreffenden verglichen, ist es schnell und objektiv möglich, die Winterhärte des Gehölzes zu bestimmen. Die angegebene Zone garantiert jedoch nicht in jedem Fall absolute Winterhärte. In extrem kalten Wintern beziehungsweise unter regionalklimatischen Einflüssen werden diese Temperaturen auch teilweise unterschritten, sodass es in Ausnahmefällen trotzdem zu Schädigungen kommen kann. Bei geschickter Ausnutzung vorteilhafter kleinklimatischer Verhältnisse lassen sich manche Gehölze in Winterhärtezonen mit Erfolg kultivieren, die kälter sind als hier angegeben. Stadtregionen können zum Beispiel milder sein als das Umland. Große Wasserflächen wirken sich ebenso häufig wie Hanglagen günstig auf das Klima aus. In Mulden und Tälern hingegen bilden sich oft ungünstige „Kaltluftseen" aus. Neben der Temperatur nehmen verschiedene andere Faktoren wie Boden, Nährstoffversorgung, Wind, Trockenheit und der Witterungsverlauf im Sommer und Herbst, Einfluss auf das Überwintern der Gehölze.

Zone	Temperatur (t_{min})
2	–45,5 bis –40,1 °C
3	–40,0 bis –34,5 °C
4	–34,4 bis –28,9 °C
5	–28,8 bis –23,5 °C
6a	–23,3 bis –20,6 °C
6b	–20,5 bis –17,8 °C
7a	–17,7 bis –15,0 °C
7b	–14,9 bis –12,3 °C
8a	–12,2 bis –9,5 °C
8b	–9,4 bis –6,7 °C

Angaben zu den Wuchshöhen

Für Höhe und Breite der Gewächse werden immer zwei Werte angegeben, z. B. Höhe: 7 / 25–30 m, Breite: 2–3 / 7–9 m.
Erläuterung: Die Angaben erfolgen für das Alter von 10–15 Jahren sowie für die ausgewachsene Pflanze im mitteleuropäischen Raum.

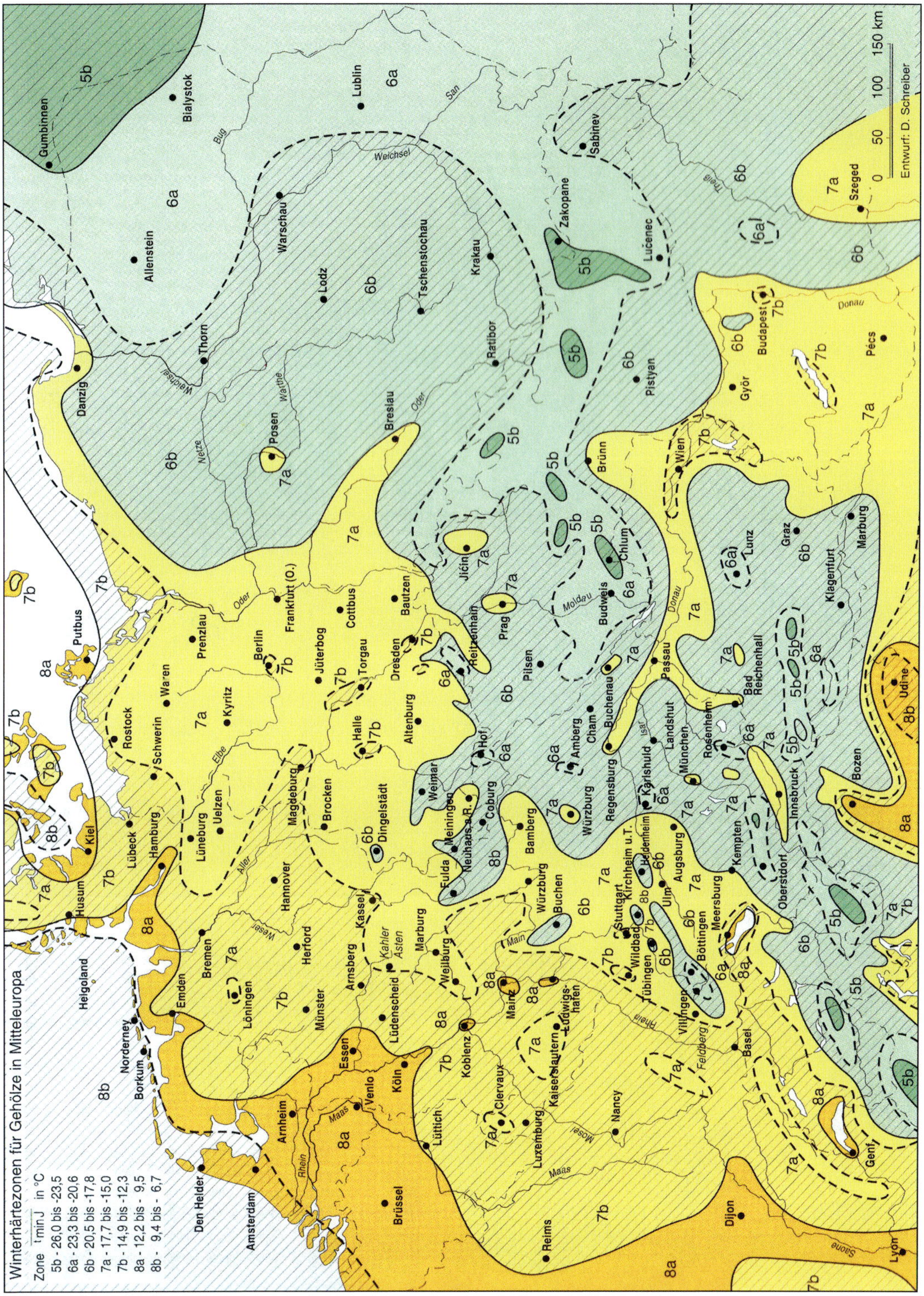

(Quelle: Heinze, W.; Schreiber, D. (1984): Eine neue Kartierung der Winterhärtezonen für Gehölze in Mitteleuropa" zitiert in Bärtels, A. (2001): Enzyklopädie der Gartengehölze. Eugen Ulmer Verlag, Stuttgart)

© HRM

Nadelgehölze – Vielfalt in Form und Farbe

Bäume und Sträucher bilden das Grundgerüst eines jeden Gartens. Nadelgehölze zählen mit ihren klaren Konturen dabei zu den wichtigen, ordnenden Planungselementen. Ob im Einzelstand oder als Hecke, sie geben dem Garten Halt und Struktur, bieten beruhigende Kulissen oder setzen durch ihre Vielfalt an Formen und Farben Akzente. Sie bereichern die Gärten jedoch nicht nur als strukturgebendes Element, sondern sind auch für verschiedenste Gartensituationen bestens geeignet: strauchartig und langsam wachsende Formen für kleine Vor- und Hausgärten, Stein- und Heidegärten, Rabatten oder Pflanzgefäße; charaktervolle Bäume für Parkanlagen und öffentliches Grün. Teppichbildende Arten erleichtern als anspruchslose Bodendecker die Arbeit des Gärtners, Säulenformen dienen als verbindendes Element zwischen Architektur und Garten. Ob faszinierende Zwergform, eindrucksvolles Solitär oder kunstvoll geschnittenes Formgehölz, die heutige Formen- und Farbenvielfalt der Nadelgehölze bietet für jede Gestaltungsidee eine reiche Auswahl.

© Floramedia

Abies balsamea 'Piccolo'

Zwerg-Balsam-Tanne 'Piccolo'

Pinaceae

Herkunft: Cultivar/Sorte: gefunden 1975 in der Baumschule Carstens (D)
Wuchs: Höhe: 0,3 / 0,7 m, Breite: 0,4 / 1 m; Kleinstrauch, kugelig abgeflacht, niedrig, kein Gipfeltrieb, Äste dicht- und abstehend
Nadeln: Glänzend dunkelgrün, unterseits zwei weiße Stomabänder, immergrün, nadelförmig, 4–10 mm lang, 1 mm breit, radial dicht stehend
Boden: Durchlässige, frische bis feuchte, auch zeitweise staunasse, nährstoffreiche, saure bis schwach alkalische Böden
Standort: Sonnig bis halbschattig, mit ausreichend hoher Luftfeuchte
Verwendung: Als Solitär, in kleinen Gärten und Rabatten, Steingärten, Heidegärten, für Dachgärten, zu Stauden und Gräsern, auf Gräbern, für Kübel und andere Pflanzgefäße
Besondere Hinweise: Ähnliche Sorte: 'Nana', die etwas breiter und stärker wächst, in zehn Jahren 60–70 cm breit
Winterhärtezone: 4

© HRM

Abies concolor

Colorado-Tanne

Pinaceae

Herkunft: USA: Südwesten, Kalifornien, Rocky Mts., Oregon; Mexiko: Baja California, Sonora, in Bergwäldern, in Höhen von 650–3400 m
Wuchs: Höhe: 6 / 25–40 m, Breite: 3 / 5–8 m; großer Baum, lockere, gleichmäßig pyramidale Krone, Äste waagerecht abstehend, Rinde hellgrau gefurcht, mit Harzblasen, in der Jugend raschwüchsig, spätaustreibend
Nadeln: Blaugrün bis graugrün, immergrün, nadelförmig, 40–60 mm lang, bis 1,5 mm breit, gleichmäßig dicht, gescheitelt, kammartig abstehend, leicht bogig aufwärts gerichtet
Zapfen: Zylindrisch, an beiden Enden leicht verjüngt, jung grünlich oder purpurviolett, reif hellbraun, 8–15 cm lang, 3–5 cm breit, aufrecht
Boden: Tiefgründige, durchlässige, staunässefreie, mäßig trockene bis frische, nährstoffreiche, saure bis schwach alkalische Böden
Standort: Sonnig bis halbschattig, unempfindlich gegen Trockenheit, gut für kontinental-trockene Standorte geeignet
Verwendung: Als Solitär, in Gruppen, in großen Gärten, Parks, für große Dachgärten
Besondere Hinweise: Kleinwüchsige Sorte: 'Compacta', die nur 5–6 m hoch wird
Winterhärtezone: 5

Abies homolepis

Nikko-Tanne

Pinaceae

Herkunft: Japan: Honshu, Kyushu, Shikoku, in Gebirgen zwischen 700–2000 m

Wuchs: Höhe: 6 / 20–40 m, Breite: 3 / 6–8 m; großer Baum, regelmäßig kegelförmige Krone, locker beastet, Äste leicht aufstrebend, Rinde grau, schuppig, raschwüchsig

Nadeln: Glänzend dunkelgrün, unterseits zwei weiße Stomabänder, immergrün, nadelförmig, gescheitelt, 20–30 mm lang, dicht stehend, ziemlich steif, an jungen Pflanzen zugespitzt, schräg aufwärtsgerichtet

Zapfen: Länglich zylindrisch bis leicht eiförmig, jung grünlich bis violett-purpur, reif braun, 6–10 cm lang, bis 4 cm breit, aufrecht

Boden: Tiefgründige, durchlässige, frische bis feuchte, nährstoffreiche, optimalerweise kalkfreie, schwach saure bis neutrale Humusböden, neigt bei kalkhaltigen Böden schnell zu Chlorose

Standort: In der Jugend Schatten liebend, später sonnig bis absonnig, verträgt keine starke Lufttrockenheit, spätfrostempfindlich

Verwendung: Als Solitär, in Gruppen, am Rand von Gehölzgruppen, große Gärten, Parks

Winterhärtezone: 5

© HRM

Abies koreana

Korea-Tanne

Pinaceae

Herkunft: Korea: Süd-Korea, in Gebirgen zwischen 1000–1900 m

Wuchs: Höhe: 3 / 8–15 m, Breite: 1,5 / 3–5 m; mittelgroßer Baum mit regelmäßig kegelförmiger Krone, Äste waagerecht bis leicht ansteigend, spät austreibend, langsam wachsend

Nadeln: Glänzend dunkelgrün, derb-ledrig, unterseits zwei weiße Spaltöffnungsbänder, immergrün, nadelförmig, dicht stehend, auf der Zweigoberseite schräg abstehend, unten mehr oder weniger gescheitelt, 8–20 mm lang

Zapfen: Zylindrisch, zur Spitze etwas verjüngt, blau-violett bis purpurn, reif dunkelbraun, 5–7 cm lang, bis 2,8 cm dick, zahlreich, zierend, frühe Zapfenbildung

Boden: Tiefgründige, durchlässige, frische bis feuchte, nährstoffreiche, sandig-humose bis lehmige, optimalerweise kalkfreie, schwach saure bis neutrale Böden

Standort: Sonnig bis absonnig, liebt luftfeuchte Lagen

Verwendung: Als Solitär, in kleinen und großen Gärten, Steingärten, Heidegärten, Innenhöfen, zu Rhododendron und anderen Immergrünen

Winterhärtezone: 5

© HRM

Abies koreana 'Kohouts Icebreaker'®
(syn.: *Abies koreana* 'Ice Breaker')

Korea-Tanne 'Icebreaker'

Pinaceae

Herkunft: Cultivar/Sorte: von Jörg Kohout, Prietitz (D), als Hexenbesen an einer *Abies koreana* 'Silberlocke' gefunden

Wuchs: Höhe: 0,2 / 0,5 m, Breite: 0,4 / 1 m; Zwergform, sehr dicht und kissenförmig wachsend, rundlich abgeflacht

Nadeln: Nadeln auf der ganzen Trieblänge halbkreisförmig aufwärts gekrümmt und lockig gedreht, die leuchtend silberweiße Unterseite zeigend, damit prachtvoll silbriger Eindruck der gesamten Pflanze, immergrün

Boden: Tiefgründige, durchlässige, frische bis feuchte, nährstoffreiche, optimalerweise kalkfreie, schwach saure bis neutrale Böden

Standort: Sonnig bis absonnig

Verwendung: Als Solitär, in kleinen Gärten und Rabatten, Steingärten, Heidegärten, für Dachgärten, zu Stauden und Gräsern, auf Gräbern, für Kübel und andere Pflanzgefäße

Winterhärtezone: 5

Abies koreana 'Molli'

Korea-Tanne 'Molli'

Pinaceae

Herkunft: Cultivar/selektierter Sämling: ausgelesen durch die Baumschule Helmers (D)

Wuchs: Höhe: 1 / 3–4 m, Breite: 0,5 / 1,5 m; kompakt kegelförmiger Wuchs, langsamer und kompakter wachsend als die Art, Äste waagerecht bis leicht ansteigend

Nadeln: Glänzend dunkelgrün, derb ledrig, unterseits zwei weiße Spaltöffnungsbänder, immergrün, nadelförmig, dicht stehend, im Austrieb auffällig frischgrün, 8–18 mm lang

Zapfen: Zylindrisch, zur Spitze etwas verjüngt, blau-violett bis purpurn, reif dunkelbraun, 5–7 cm lang, bis 2,8 cm dick, zahlreich, zuverlässige und frühe Zapfenbildung

Boden: Tiefgründige, durchlässige, frische bis feuchte, nährstoffreiche, sandig-humose bis lehmige, optimalerweise kalkfreie, schwach saure bis neutrale Böden

Standort: Sonnig bis absonnig, für ausreichend luftfeuchte Lagen

Verwendung: Als Solitär, in kleinen und mittelgroßen Gärten, für Steingärten, Heidegärten, Innenhöfe, Kübel und Tröge

Winterhärtezone: 5

Abies koreana 'Silberlocke' (syn.: *Abies koreana* 'Horstmanns Silberlocke')

Korea-Tanne 'Silberlocke'

Pinaceae

Herkunft: Cultivar/Sorte: eingeführt 1978 durch Günther Horstmann (D)
Wuchs: Höhe: 1,5 / 4–6 m, Breite: 0,8 / 2–2,5 m; kleiner Baum mit anfangs unregelmäßiger, später gleichmäßig kegelförmiger Krone, Äste waagerecht bis leicht ansteigend, spät austreibend, langsam wachsend
Nadeln: Nadeln halbkreisförmig aufwärts gekrümmt und lockig gedreht, die leuchtend silberweiße Unterseite zeigend, besonders an den Maitrieben sichtbar, immergrün
Zapfen: Zylindrisch, zur Spitze etwas verjüngt, graugrün bis grauviolett, reif dunkelbraun, 5–6 cm lang, bis 2,8 cm dick, zahlreich, zierend, frühe Zapfenbildung
Boden: Tiefgründige, durchlässige, frische bis feuchte, nährstoffreiche, sandig-humose bis lehmige, optimalerweise kalkfreie, schwach saure bis neutrale Böden
Standort: Sonnig bis absonnig
Verwendung: Als Solitär, in kleinen und großen Gärten, Steingärten, Heidegärten, Innenhöfen, zu Rhododendron und anderen Immergrünen
Besondere Hinweise: Ähnliche Sorte: 'Silver Show', etwas lockerer wachsend und mit blauen Zapfen
Winterhärtezone: 5

© HRM

Abies lasiocarpa 'Compacta'

Zwerg-Kork-Tanne

Pinaceae

Herkunft: Cultivar/Sorte: 1927 eingeführt durch J. Boer (NL)
Wuchs: Höhe: 1,5 / 3 m, Breite: 0,8 / 1,5 m; kleiner Baum mit kegelförmiger, dicht geschlossener Krone, Äste aufstrebend, dicht stehend
Nadeln: Silberblau glänzend, im Austrieb auffallend silbrig, unterseits zwei grauweiße Stomabänder, immergrün, nadelförmig, 30–40 mm lang, 2 mm breit, dicht stehend, teilweise bürstenförmig aufwärts gebogen, aromatisch duftend
Boden: Tiefgründige, mäßig trockene bis feuchte, durchlässige, saure bis schwach alkalische Böden, meidet Tonböden, kalkvertragend
Standort: Sonnig, bevorzugt kühle, luftfeuchte Lagen
Verwendung: Als Solitär in kleinen und mittelgroßen Gärten, Steingärten, Heidegärten, Vor- und Hausgärten, zusammen mit Rosen, Gräsern, Heide, Rhododendron; als Schnittgrün
Winterhärtezone: 4

© HRM

© HRM

Abies nordmanniana

Nordmanns Tanne, Kaukasus-Tanne

Pinaceae

Herkunft: Kaukasus, Kleinasien, in Bergmischwäldern, in Höhen von 1000–2000 m

Wuchs: Höhe: 7 / 25–30 m, Breite: 2–3 / 7–9 m; großer Baum, breit kegelförmige Krone, Stamm bis zur Spitze durchgehend, Äste in regelmäßigen Quirlen, weit ausladend, unten leicht herabhängend, spät austreibend, in der Jugend langsam wachsend

Nadeln: Glänzend dunkelgrün, unterseits zwei silberweiße Stomabänder, immergrün, nadelförmig, 20–30 mm lang, bis 2,5 mm breit, auf der Zweigoberseite dicht stehend, etwas nach vorn gerichtet, an schwachen Seitenzweigen teilweise gescheitelt

Zapfen: Zylindrisch, jung grünlich, reif braun, 15–20 cm lang, 2–4 cm dick

Boden: Optimal auf tiefgründigen, gleichmäßig frischen bis feuchten, nährstoffreichen, humosen, sauren bis schwach alkalischen Böden, kalkvertragend

Standort: Sonnig bis absonnig, mit ausreichend hoher Luftfeuchtigkeit, für windexponierte Lagen nur bei sonst optimalen Bedingungen geeignet, empfindlich gegenüber Lufttrockenheit und Hitze

Verwendung: Als Solitär, in kleinen Gruppen, für große Gärten und Parkanlagen, als Hintergrundbepflanzung, Weihnachtsbaumkultur

Winterhärtezone: 5

© HRM

Abies pinsapo 'Glauca'

Blaue Spanien-Tanne

Pinaceae

Herkunft: Cultivar/Sorte: bereits seit 1867 in Frankreich bekannt

Wuchs: Höhe: 3–5 / 20 m, Breite: 2 / 6–8 m; mittelgroßer Baum, Stamm bis zur Spitze durchgehend, Äste regelmäßig quirlständig

Nadeln: Blaugrüne, silbrig bereifte Nadeln, allseitig rechtwinkling, steif bürstenartig abstehend, immergrün, dick, 1,5 cm lang

Zapfen: Zapfen aufrecht, zylindrisch, 10–15 cm lang, 4–5 cm dick, anfangs grün, reif braun, Blüten leuchtend violettrot

Boden: Durchlässige, schwach saure bis bis alkalische Böden, kalkliebend

Standort: Sonnig bis absonnig, junge Pflanzen vor Wintersonne und Frostwinden schützen

Verwendung: Als Solitär für besondere Standorte in mittelgroßen und großen Gärten, Parkanlagen, Steingärten, Heidegärten, Innenhöfen; zu Rhododendron und anderen Immergrünen

Besondere Hinweise: Ähnliche Sorte: 'Kelleriis', etwas stärker wachsend

Winterhärtezone: 6b

Abies procera 'Glauca' (syn.: *Abies nobilis* 'Glauca')

Blau-Tanne, Silber-Tanne

Pinaceae

Herkunft: Cultivar/Sorte: bereits vor 1863 bekannt

Wuchs: Höhe: 3 / 15–20 m, Breite: 1 / 8–10 m; großer Baum mit breit kegelförmiger Krone, bis zum Boden beastet, Äste waagerecht, in der Jugend langsam wachsend, wird auch flach gezogen kultiviert, bleibt dann durch Schnitt kriechend und breitwüchsig

Nadeln: Im Austrieb prachtvoll silbergrau, später etwas dunkler silberblaugrau, immergrün, nadelförmig, bis 3,5 cm lang, 1,5 mm breit, derb, bürstenförmig nach vorn gerichtet

Zapfen: Zylindrisch, jung hellgrün, anfänglich leicht violettrot überhaucht, reif hellbraun, 14–20 cm lang, 7–8 cm dick, aufrecht, bereits an jungen Pflanzen nach 5–8 Jahren, sehr auffallend

Boden: Tiefgründige, frische, durchlässige, auch schottrige, nährstoffreiche, saure bis schwach alkalische Böden, kalkmeidend, anspruchslos bei ausreichender Bodenfeuchtigkeit

Standort: Sonnig bis halbschattig, in der Jugend auch schattig

Verwendung: Als Solitär, in großen Gärten und Parks, gut mit silbrigen, graugrünen oder rotlaubigen Partnern einzusetzen, flach gezogen für Stein- und Heidegärten, Kübel, Tröge oder Grabanlagen, als Schnittgrün verwendbar

Winterhärtezone: 6b

© Floramedia

Araucaria araucana

Chilenische Schmucktanne, Andentanne

Araucariaceae

Herkunft: Gebirgslagen der Anden, Chile, Argentinien, in Höhen von 600–2000 m

Wuchs: Höhe: 3–5 / 20 m, Breite: 2 / 5–8 m; bizarrer, immergrüner Baum, der nur in den milderen Gebieten Deutschlands zuverlässig winterhart ist, anfangs gleichmäßig kegelförmige Krone, die im Alter zunehmend rundlicher und schirmförmig wird; walzenförmige Äste, wenig verzweigt, in regelmäßigen Etagen (Quirlen) angeordnet

Nadeln: Schraubig angeordnete, große, lederartige, dreieckige, starre Blätter mit steifer, scharfer Spitze, glänzend dunkelgrün, immergrün, nadelförmig, 30–50 mm lang, 8–20 mm breit, verbleiben 10–15 Jahre am Baum

Zapfen: Kugelige bis rund-eiförmige Zapfen, braun, bis 15 cm dick, Reife im 2. Jahr, bis zu drei Jahre am Baum verbleibend

Boden: Tiefgründige, durchlässige, lockere, frische, nährstoffreiche, schwach saure, kalkfreie Böden

Standort: Sonnig, mit ausreichend hoher Luftfeuchtigkeit, vor Wintersonne und vor austrocknenden Winden geschützt

Verwendung: Auffälliges Solitärgehölz in Parkanlagen, Gärten, großen Rabatten, auf Rasenflächen, in Innenhöfen, als exotischer Akzent

Winterhärtezone: 8a

© HRM

© HRM

Cedrus atlantica 'Glauca'
(syn.: *Cedrus libani* 'Atlantica Glauca')

Blaue Atlas-Zeder

Pinaceae

Herkunft: Cultivar/Sorte: vor 1867 in Marokko gefunden

Wuchs: Höhe: 4–6 / 25 m, Breite: 2,5 / 8–15 m; großer Baum, zuerst straff aufrecht, schlank kegelförmig wachsend, später zunehmend breiter und im Alter schirmartige, lockere Kronen bildend, Borke dunkelgrau, plattig, schuppig, raschwüchsig

Nadeln: Kräftig silbrig blau, besonders im Austrieb, immergrün, nadelförmig, bis 20 mm lang, bis 1,5 mm breit, an Kurztrieben dicht quirlig in Büscheln angeordnet, an Langtrieben einzeln und spiralig, steif, spitz, dreikantig

Zapfen: Aufrecht, breit walzenförmig- bis eirund, abgeflacht, jung grün, im 2. bis 3. Jahr reif, von Januar bis März am Baum zerfallend, hellbraun, 5–7 cm lang, bis 4 cm breit, beginnt nach 10–20 Jahren zu fruchten

Boden: Durchlässige, mäßig trockene bis frische, sandig–kiesige Lehmböden, auch kalkhaltige, schwach saure bis alkalische Böden (pH-Wert über 7,5)

Standort: Sonnig, gegen Immissionen gut widerstandsfähig, für innerstädtisches Klima geeignet, Luft- und zeitweise Bodentrockenheit gut vertragend

Verwendung: Als Solitär, in großen Gärten und Parks

Besondere Hinweise: Gelbnadelige Form: *Cedrus atlantica* 'Aurea'

Winterhärtezone: 7a (6b); Im Frühjahr pflanzen, Winterschutz

© Floramedia

Cedrus atlantica 'Glauca Pendula'
(syn.: *Cedrus libani* 'Atlantica Pendula')

Hängende Blau-Zeder

Pinaceae

Herkunft: Cultivar/Sorte: vor 1900 in Frankreich ausgelesen

Wuchs: Höhe: 2 / 2–6 m, Breite: 1–2 / bis 10 m; kleiner Baum, Hängeform, Zweige kaskadenartig überhängend, später bis zum Boden herabhängend, langsam wachsend, höherer Stamm bildet sich nur durch Aufbinden des Mitteltriebs, Höhe und Breite werden durch das Aufbinden und seitliche Abstützen der Triebe beeinflusst wodurch bizarre Fantasieformen entstehen können

Nadeln: Kräftig silbrig blau, immergrün, nadelförmig, bis 25 mm lang, bis 1,5 mm breit, an Kurztrieben dicht quirlig in Büscheln angeordnet, an Langtrieben einzeln und spiralig, steif, spitz, dreikantig

Boden: Durchlässige, mäßig trockene bis frische, sandig-kiesige Lehmböden, auch kalkhaltige, schwach saure bis alkalische Böden (pH-Wert über 7,5)

Standort: Sonnig, gegen Immissionen gut widerstandsfähig, für innerstädtisches Klima geeignet, Luft- und zeitweise Bodentrockenheit gut vertragend

Verwendung: Solitärpflanze für besondere Standorte in Gärten und Parkanlagen, auf Rasenflächen, vor dunklen Fassaden, Atrium, mobiles Grün, besonders effektvoll am Rand von Gewässern

Winterhärtezone: 7a (6b); in den Winterhärtezonen 6b bis 7a sollte im Frühjahr gepflanzt und jungen Pflanzen etwas Winterschutz gegeben werden

Cedrus deodara

Himalaya-Zeder

Pinaceae

Herkunft: West-Himalaya, Ost-Afghanistan, Nordwest-Pakistan, Kashmir, West-Nepal, West-China, in Höhen von 1300–3300 m

Wuchs: Höhe: 4–6 / 10–15 (20) m, Breite: 2–3 / 8–10 m; hoher Baum, Stamm gerade bis zum Wipfel durchgehend, Gipfeltrieb peitschenartig überhängend, Äste waagerecht abstehend mit elegant überhängenden Zweigspitzen, unten bis zum Boden reichend, wie ein Wasserfall fließen die oberen Astpartien über untere hinweg, Zweige biegsam, Krone zuerst breit kegelförmig, später breit ausladend

Nadeln: Grüne bis blaugrüne Nadeln, immergrün, nadelförmig, an Kurztrieben in Büscheln zu 20–25 angeordnet, Lebensdauer 2–3 Jahre

Zapfen: Fass- oder eiförmige Zapfen, zu 1–2 beisammen, an der Spitze nicht eingedellt, 7–10 cm lang, 5–7 cm breit, jung bläulich bereift, reif rötlich braun

Boden: Mäßig trockene bis feuchte, tiefgründige, saure bis neutrale Böden, kalkmeidend

Standort: Sonnig bis absonnig, innerstädtisches Klima vertragend, geschützt gegen Wintersonne und kalte Ostwinde

Verwendung: Auffälliges Solitärgehölz in Parkanlagen, Gärten, großen Rabatten, auf Rasenflächen, in Innenhöfen

Winterhärtezone: 7b (7a); in der Winterhärtezone 7 sollte im Frühjahr gepflanzt und jungen Pflanzen etwas Winterschutz gegeben werden

Cedrus deodara 'Golden Horizon'

Himalaya-Zeder 'Golden Horizon'

Pinaceae

Herkunft: Cultivar/Sorte: eingeführt 1975 von G. van Vliet (NL)

Wuchs: Höhe: 1 / 5–8 m, Breite: 1–1,5 / 5–8 m; kleiner bis mittelgroßer Baum oder Großstrauch mit weit ausladenden Ästen, Zweige leicht bogig überhängend, oft ohne Gipfeltrieb, für baumartigen Wuchs sollte ein Gipfeltrieb aufgebunden werden

Nadeln: Jung intensiv gelb, später grünlich gelb, immergrün, nadelförmig, 30–50 mm lang

Boden: Mäßig trockene bis feuchte, tiefgründige, saure bis neutrale Böden, kalkmeidend

Standort: Sonnig bis absonnig, innerstädtisches Klima vertragend, geschützt gegen Wintersonne und kalte Ostwinde

Verwendung: Solitär in kleinen und großen Gärten, effektvoll auf Rasenflächen, vor Terrassen, kontrastbildend vor dunklen Hintergründen, in Pflanzgefäßen

Besondere Hinweise: Alternative Sorte: 'Lime Glow', mit hellgelber Benadelung und ähnlichem Wuchsverhalten

Winterhärtezone: 7b (7a); in der Winterhärtezone 7 sollte im Frühjahr gepflanzt und jungen Pflanzen etwas Winterschutz gegeben werden

Cedrus deodara 'Karl Fuchs'

Himalaya-Zeder 'Karl Fuchs'

Pinaceae

Herkunft: Cultivar/Sorte: 1979 ausgelesen von Günther Horstmann (D) aus Herkünften der Region Paktia im Südost-Afghanistans

Wuchs: Höhe: 3–5 / 12 m, Breite: 1,5 / 3–5 m; Kleiner Baum, jung schlank kegelförmig, später unregelmäßigere lockere, kegelförmige Krone, bis zum Boden beastet, Äste waagerecht abstehend, Zweige bogig hängend

Nadeln: Im Austrieb leuchtend silbrig blau, später kräftig und anhaltend blaugrau, immergrün, nadelförmig, an Kurztrieben in Büscheln zu 20 angeordnet

Zapfen: Fass- oder eiförmige Zapfen, zu 1–2 beisammen, an der Spitze nicht eingedellt, 7–10 cm lang, 5–7 cm breit, jung bläulich bereift, reif rötlich braun

Boden: Mäßig trockene bis feuchte, tiefgründige, saure bis neutrale Böden, kalkmeidend

Standort: Sonnig bis absonnig, innerstädtisches Klima vertragend, geschützt gegen Wintersonne und kalte Ostwinde

Verwendung: Auffälliges Solitärgehölz in Parkanlagen, Gärten, großen Rabatten, auf Rasenflächen, in Innenhöfen

Besondere Hinweise: Zwergform: 'Feelin' Blue', eine blaunadelige, meist flachwüchsige oder strauchige Form

Winterhärtezone: 7a; eine der winterhärtesten Auslesen von *Cedrus deodara*

Cephalotaxus harringtonii 'Fastigiata'

Säulen-Kopfeibe

Cephalotaxaceae

Herkunft: Cultivar/Sorte: in Japan vor 1830 bekannt

Wuchs: Höhe: 1–1,5 / 4 m, Breite: 0,4 / 1–1,5 m; mehr oder weniger breit säulen- bis leicht eiförmig, Äste zahlreich, steif aufrecht, kaum verzweigt

Nadeln: Glänzend dunkelgrün, immergrün, nadelförmig, 3–5 cm lang, in dichten Spiralen um den Zweig stehend, anfangs aufgerichtet, später abstehend oder leicht zurückgebogen

Boden: Genügend frische, sandig-humose, saure bis alkalische Böden

Standort: Absonnig bis halbschattig, bei guten Bodenbedingungen auch sonnig, luftfeuchte, geschützte Lagen

Verwendung: Solitär, Garten- und Parkanlagen, Rabatten, Steingärten, Heidegärten, neben Eingängen, Innenhöfe, zum Setzen geometrischer Akzente

Winterhärtezone: 6b; junge Pflanzen etwas frostempfindlich

Chamaecyparis lawsoniana 'Columnaris'

Blaue Säulenzypresse

Cupressaceae

Herkunft: Cultivar/Sorte: ausgelesen 1940 von Jan Spek (NL)

Wuchs: Höhe: 3–5 / 8 (10) m, Breite: 0,8–1 / 1,5–2 m; kleiner Baum, stets dicht, schmal kegel- bis säulenförmig, kurzer Stamm, Äste straff aufrecht

Nadeln: Im Austrieb stahlblau, später blaugrau, unterseits blaugrün, bereift, immergrün, schuppenförmig, 3–6 mm lang, rhombisch, gegenständig, dicht anliegend

Zapfen: Kugelig, anfänglich blaugrün bereift, reift dunkelbraun-violett, 8–10 mm dick, acht Schuppen je Zapfen, hart, Ansatz im 20.–25. Lebensjahr

Boden: Durchlässige, flach- bis tiefgründige, mäßig trockene bis feuchte, nährstoffreiche, saure bis alkalische Böden, bodentolerant, kümmert bei Luft- und Bodentrockenheit

Standort: Sonnig bis halbschattig

Verwendung: Als Solitär, in Gruppen, Gärten und Parks, als geometrisches Formelement, für hohe Hecken, als Schnittgrün

Besondere Hinweise: Ähnliche Formen: 'Van Pelt's Blue', 'Dart's Blue Ribbon' oder 'Alumii' (etwas breiter)

Winterhärtezone: 7a

© Floramedia

Chamaecyparis lawsoniana 'Ellwoodii'

Scheinzypresse 'Ellwoodii'

Cupressaceae

Herkunft: Cultivar/Sorte: gefunden ca. 1915 von G. Ellwood (GB)

Wuchs: Höhe: 1,5 / 4–7 m, Breite: 0,6–1,5 m; schmal kegel- bis säulenförmig, Äste aufrecht und dicht beisammen, aufrechte kurze Zweige, Triebspitzen leicht nickend

Nadeln: Stahlblau bis blaugrün, immergrün, nadelförmig, fedrig

Boden: Durchlässige, frische bis feuchte, nährstoffreiche, optimalerweise sandig-lehmige, saure bis schwach alkalische Böden, bodentolerant

Standort: Sonnig bis halbschattig, kümmert bei Luft- und Bodentrockenheit

Verwendung: Solitär, in Gruppen, Hecken, für kleine und große Gärten, Rabatten, Steingärten, Alpinum, Heidegärten, Innenhöfe, auf großen Balkonen und Terrassen in Trögen, kleine Pflanzen in Balkonkästen, auf Gräbern, als Schnittgrün

Besondere Hinweise: Alternative Sorte: 'Ellwood's Pillar', schlanker wachsend

Winterhärtezone: 6a

© HRM

© HRM

Chamaecyparis lawsoniana 'Ellwood's Gold'

Scheinzypresse 'Ellwood's Gold'

Cupressaceae

Herkunft: Cultivar/Sorte: eingeführt 1968 durch A. P. Hillier (GB)

Wuchs: Höhe: 1–,5 / 3–4 m, Breite: 0,6 / 1–1,5 (2) m; Strauch, breit säulen- bis kegel- oder eiförmig, geschlossen, Äste aufrecht und dicht beisammen, fein verzweigt

Nadeln: Jung goldgelb, zum Herbst etwas verblassend, immergrün, nadelförmig, fedrig

Boden: Durchlässige, frische bis feuchte, nährstoffreiche, optimalerweise sandig-lehmige, saure bis schwach alkalische Böden, bodentolerant

Standort: Sonnig bis halbschattig, kümmert bei Luft- und Bodentrockenheit

Verwendung: Solitär, in Gruppen, für kleine und große Gärten, Rabatten, Steingärten, Alpinum, Heidegärten, Innenhöfe, vor dunklen Hintergründen, kleine Pflanzen in Balkonkästen, auf Gräbern, als Schnittgrün

Besondere Hinweise: Alternative Sorte: 'Ellwood's Empire', anfänglich etwas wüchsiger und schlanker, sonst sehr ähnlich

Winterhärtezone: 6a

© HRM

Chamaecyparis lawsoniana 'Ivonne'

(syn.: *Chamaecyparis lawsoniana* 'Yvonne')

Scheinzypresse 'Ivonne'

Cupressaceae

Herkunft: Cultivar/Sorte: gefunden vor 1981 von J. van den Nieuwendijk (NL)

Wuchs: Höhe: 2–3 / 5 m, Breite: 1 / 1,5–1,8 m; Großstrauch, dichtbuschig, schlank kegelförmig, Äste aufrecht, Zweige fächerförmig

Nadeln: Leuchtend goldgelb, im Innern der Pflanze gelb bis gelbgrün, im Winter nur wenig verfärbend, immergrün, schuppenförmig, 3–6 mm lang, rhombisch, gegenständig, dicht anliegend

Boden: Durchlässige, frische bis feuchte, nährstoffreiche, optimalerweise sandig-lehmige, saure bis schwach alkalische Böden, bodentolerant

Standort: Sonnig bis halbschattig, kümmert bei Luft- und Bodentrockenheit

Verwendung: Solitär, in Gruppen, für kleine und große Gärten, Rabatten, Steingärten, Heidegärten, Innenhöfe, vor dunklen Hintergründen, als Schnittgrün, gut schnittverträglich (siehe Abb.)

Winterhärtezone: 6b

Chamaecyparis lawsoniana 'Snow White'

Scheinzypresse 'Snow White'

Cupressaceae

Herkunft: Cultivar/Sorte: gefunden 1983 von R. Murray (GB) als Mutation an 'Ellwoodii'

Wuchs: Höhe: 1 / 3–4 m, Breite: 0,4–0,6 / 1–1,5 m; schmal kegel- bis breit säulenförmig, Äste aufrecht und dicht beisammen, aufrechte kurze Zweige

Nadeln: Graugrün, ähnlich 'Ellwoodii', im Austrieb leuchtend rahmweiß, ab August wieder heller werdend, immergrün, nadelförmig, fedrig

Boden: Durchlässige, frische bis feuchte, nährstoffreiche, optimalerweise sandig-lehmige, saure bis schwach alkalische Böden, bodentolerant

Standort: Sonnig bis halbschattig, kümmert bei Luft- und Bodentrockenheit

Verwendung: Solitär, in Gruppen, für kleine und große Gärten, Rabatten, Steingärten, Heidegärten, Innenhöfe, vor dunklen Hintergründen, als Schnittgrün

Winterhärtezone: 6b

© HRM

Chamaecyparis lawsoniana 'Stardust'

Scheinzypresse 'Stardust'

Cupressaceae

Herkunft: Cultivar/Sorte: gefunden 1965 von L. C. Langenberg (NL)

Wuchs: Höhe: 2,5–3 / 7 m, Breite: 1–1,2 / bis 3 m; Großstrauch, breit kegelförmig, dicht verzweigt, Zweige federförmig, leicht hängende Triebspitzen

Nadeln: Lebhaft goldgelb bis schwefelgelb, im Innern gelbgrün, immergrün, schuppenförmig

Boden: Durchlässige, frische bis feuchte, nährstoffreiche, optimalerweise sandig-lehmige, saure bis schwach alkalische Böden, bodentolerant

Standort: Sonnig bis halbschattig, kümmert bei Luft- und Bodentrockenheit

Verwendung: Solitär, in Gruppen, für kleine und große Gärten, Rabatten, Steingärten, Heidegärten, Innenhöfe, vor dunklen Hintergründen, als Schnittgrün

Besondere Hinweise: Alternative Sorten: 'Alumigold' (mehr gelbgrün), 'Stewartii'

Winterhärtezone: 6a

© HRM

© HRM

Chamaecyparis lawsoniana 'Wisselii'

Hahnenkamm-Scheinzypresse

Cupressaceae

Herkunft: Cultivar/Sorte: gefunden ca. 1885 von F. van der Wissel (NL)
Wuchs: Höhe: 1,5–2 / 8–12 m, Breite: 0,6–0,8 / 3–4 m; schmal kegelförmiger Baum, Äste und Zweige ansteigend bis aufrecht, Zweiglein dicht und allseitig gestellt, farnartig bis hahnenkammartig verdreht
Nadeln: Dunkel blaugrün, immergrün, schuppenförmig, sehr klein und dicht stehend
Boden: Durchlässige, frische bis feuchte, nährstoffreiche, optimalerweise sandig-lehmige, saure bis schwach alkalische Böden, bodentolerant
Standort: Sonnig bis halbschattig, kümmert bei Luft- und Bodentrockenheit
Verwendung: Bizarres Solitärgehölz für kleine und große Gärten, Rabatten, Steingärten, Heidegärten
Besondere Hinweise: Alternative Sorte: 'Wissel's Saguaro', eine schwächer und schlanker wachsende Auslese, Äste dicht mit kurzen Zweigen besetzt
Winterhärtezone: 6a

© HRM

Chamaecyparis nootkatensis 'Pendula'
(syn.: *Xanthocyparis nootkatensis* 'Pendula')

Mähnenzypresse

Cupressaceae

Herkunft: Cultivar/Sorte: ausgelesen vor 1884 von A. van Leeuwen (NL)
Wuchs: Höhe: 3–4 / 15 m, Breite: 1,5 / 3–5 m; mittelgroßer Baum mit pyramidaler Krone, Stamm bis zur Spitze durchgehend, Gipfeltrieb hängend, Äste locker und unregelmäßig angeordnet, Zweige mähnenartig hängend, in der Jugend langsam wachsend
Nadeln: Dunkelgrün, auch im Winter, immergrün, schuppenförmig, 2–6 mm lang, 2–3 mm breit, spitzrhombisch, dachziegelartig übereinanderliegend, aromatisch duftend
Zapfen: Kugelig, braun, Durchmesser 8–10 mm, zahlreich
Boden: Durchlässige, frische, nährstoffreiche, humose, sandig-lehmige, saure bis schwach alkalische Böden, kalkvertragend, sehr stadorttolerant
Standort: Sonnig bis absonnig, widerstandsfähig gegen Immisionen, gedeiht am besten bei genügend Boden- und Luftfeuchtigkeit
Verwendung: Malerische Solitärpflanze, in lockeren Gruppen, für größere Gärten, Parks, auf Friedhöfen, Rasenflächen, zur Betonug der malerischen Wuchsform gut vor Bauwerken und Fassaden
Winterhärtezone: 5

Chamaecyparis obtusa 'Fernspray Gold'

Farn-Hinoki-Scheinzypresse

Cupressaceae

Herkunft: Cultivar/Sorte: eingeführt ca. 1970 von Duncan & Davies (NZ)
Wuchs: Höhe: 1–1,5 / 2–3 m, Breite: 0,7–1 / 1,5 m; kleiner, kegelförmiger Baum, manchmal auch nur strauchförmig wachsend, Zweiglein farnartig
Nadeln: Goldgelb, im Innern der Pflanze gelbgrün, immergrün, schuppenförmig
Boden: Frische, durchlässige, sandig-humose, saure bis schwach alkalische Böden
Standort: Sonnig bis halbschattig, leidet unter hoher Luft- und Bodentrockenheit
Verwendung: Solitärpflanze für Stein- und Heidegärten, Vor- und Hausgärten, Alpinum, Rabatten, mobiles Grün
Winterhärtezone: 6a

© HRM

Chamaecyparis obtusa 'Kamarachiba'®
(syn.: Chamaecyparis obtusa 'Kamarac')

Gelbe Hinoki-Scheinzypresse

Cupressaceae

Herkunft: Cultivar/Sorte: ca. 1990 aus Japan nach Deutschland eingeführt
Wuchs: Höhe: 0,8 / 1–1,2 m, Breite: 1,2 / 1,5–2 m; Zwergform, ausgebreitet bis breit überhängend, anfangs halbkugelförmig wachsend, Zweiglein feinfiedrig, fächerförmig angeordnet
Nadeln: Im Austrieb leuchtend goldgelb bis gelbgrün, im Winter teilweise orangebraun bis kupferfarben, immergrün, schuppenförmig
Boden: Frische, durchlässige, sandig-humose, saure bis schwach alkalische Böden
Standort: Sonnig bis halbschattig, leidet unter hoher Luft- und Bodentrockenheit
Verwendung: Solitär, für Stein- und Heidegärten, Vor- und Hausgärten, Alpinum, Rabatten, mobiles Grün, Grabbepflanzung
Winterhärtezone: 5

© HRM

© HRM

Chamaecyparis obtusa 'Nana Gracilis'

Zwerg-Muschelzypresse

Cupressaceae

Herkunft: Cultivar/Sorte: vor 1966 durch Jan Spek (NL) eingeführt

Wuchs: Höhe: 0,8 / 2–3 m, Breite: 0,6 / 2 m; Strauch, anfangs rundlich, später breit kegelförmig, Zweige muschelförmig gewellt, tütenförmig gedreht

Nadeln: Hell- bis dunkelgrün glänzend, unterseits graugrün, immergrün, schuppenförmig, 4–5 mm lang, schmal verkehrt eiförmig, fest anliegend, stumpf, abgerundet

Boden: Durchlässige, frische, nährstoffreiche, sandig-lehmige, saure bis schwach alkalische Böden, bodentolerant

Standort: Sonnig bis schattig, leidet bei sehr hoher Luft- und Bodentrockenheit

Verwendung: Solitär, für kleine und große Gärten, Vorgärten, Rabatten, Steingärten, Heidegärten, japanische Gärten, vor Terrassen, in Höfen, auf Gräbern, in Pflanzgefäßen

Besondere Hinweise: Gelbe Formen: 'Nana Aurea', 'Rashahiba', beide mit hellgelber Benadelung und ebenfalls muschelartig gedrehten Zweigen

Winterhärtezone: 5

© Floramedia

Chamaecyparis obtusa 'Teddy Bear'

Farn-Muschelzypresse

Cupressaceae

Herkunft: Cultivar/Sorte: in Frankreich seit 1994 in Kultur

Wuchs: Höhe: 0,8–1 / 2 m, Breite: 0,6–0,8 / 1,5 m; kleiner, trichterförmig wachsender Strauch mit mehreren aufsteigenden Hauptästen, locker verzweigt, Zweiglein farnartig, leicht gedreht

Nadeln: Dunkelgrün, im Austrieb bronzegrün, immergrün, schuppenförmig

Boden: Durchlässige, frische, nährstoffreiche, sandig-lehmige, saure bis schwach alkalische Böden, bodentolerant

Standort: Sonnig bis schattig, leidet bei sehr hoher Luft- und Bodentrockenheit

Verwendung: Solitär, für kleine und große Gärten, Vorgärten, Rabatten, Steingärten, Heidegärten, japanische Gärten, vor Terrassen, in Höfen, auf Gräbern, in Pflanzgefäßen

Winterhärtezone: 5

Chamaecyparis obtusa 'Tsatsumi Gold'

Faden-Hinoki-Scheinzypresse

Cupressaceae

Herkunft: Cultivar/Sorte: in Japan an der Sorte 'Tsatsumi' gefunden und seit Ende der 1980er-Jahre in Europa eingeführt

Wuchs: Höhe: 1 / 1,8 m, Breite: 1 / 1,8 m; Zwergform, rundlich wachsend, Zweige fadenförmig, dünn, unregelmäßig gedreht und gewunden, teilweise knotig verbändert

Nadeln: Hellgelb bis goldgelb, im Austrieb grünlich gelb, immergrün, schuppenförmig

Boden: Durchlässige, frische, nährstoffreiche, sandig-humose bis sandig-lehmige, saure bis schwach alkalische Böden, bodentolerant

Standort: Sonnig bis halbschattig , leidet bei sehr hoher Luft- und Bodentrockenheit

Verwendung: Solitär, für kleine und große Gärten, Vorgärten, Rabatten, Steingärten, Heidegärten, japanische Gärten, in Höfen, auf Gräbern, mobiles Grün, Kübel, Tröge

Besondere Hinweise: Alternative Sorte: 'Tsatsumi', eine Form mit gleichem Wuchscharakter und dunkelgrüner Benadelung

Winterhärtezone: 6a

© HRM

Chamaecyparis pisifera 'Aurea Nana'

Gelbe Zwerg-Mooszypresse

Cupressaceae

Herkunft: Cultivar/Sorte: seit 1891 bekannt

Wuchs: Höhe: 0,5 / 1 m, Breite: 0,8 / bis 1,5 m; Zwergstrauch, halbkugelförmig, gedrungen, Zweige fächerförmig, sehr dicht

Nadeln: Goldgelb, im Winter gelbgrün, immergrün, schuppenförmig, zugespitzt

Boden: Durchlässige, frische, nährstoffreiche, sandig-humose bis sandig-lehmige, saure bis schwach alkalische Böden, bodentolerant, salzempfindlich

Standort: Sonnig bis halbschattig, eher kühle Lagen bevorzugen

Verwendung: Solitär, für kleine und mittelgroße Gärten, Steingärten, Heidegärten, Rabatten, zu Stauden, auf Gräbern, mobiles Grün

Besondere Hinweise: Alternative Sorte: 'Nana', eine Form mit gleichem Wuchcharakter und grüner Benadelung

Winterhärtezone: 5

© HRM

Chamaecyparis pisifera 'Baby Blue'

Kleine Silber-Scheinzypresse

Cupressaceae

Herkunft: Cultivar/Sorte: vor 1989 durch die Baumschule Andrews (Australien) gefunden

Wuchs: Höhe: 0,8 / 2 m, Breite: 0,6 / 1,2 m; anfangs rundliche, später kegelförmig wachsende Zwergform, insgesamt in Wuchs und Blattform kleiner und feiner als die bekannte 'Boulevard'

Nadeln: Silberblau, immergrün, nadelförmig, sehr weich anfühlend, 5–6 mm lang

Boden: Durchlässige, frische, nährstoffreiche, sandig-humose bis sandig-lehmige, saure bis schwach alkalische Böden, bodentolerant, salzempfindlich

Standort: Sonnig bis halbschattig

Verwendung: Solitär, für kleine und mittelgroße Gärten, Steingärten, Heidegärten, Rabatten, zu Stauden, auf Gräbern, mobiles Grün

Besondere Hinweise: Alternative Sorte: 'Boulevard', die etwas stärker wachsende, bisher oft kultivierte Form

Winterhärtezone: 5

Chamaecyparis pisifera 'Filifera Aurea Nana'

Gelbe Fadenzypresse

Cupressaceae

Herkunft: Cultivar/Sorte: seit 1889 in Großbritannien bekannt

Wuchs: Höhe: 0,8 / 1,5 (4) m, Breite: 1 / 1,5–2 m; Kleinstrauch, flach, halbkugelförmig bis rundlich, kompakt, dünne Zweige, hängende Triebspitzen

Nadeln: Beständig goldgelb, auch im Winter, immergrün, schuppen- bis pfriemförmig, sehr klein

Boden: Durchlässige, frische, nährstoffreiche, sandig-humose bis sandig-lehmige, saure bis schwach alkalische Böden, kalkvertragend, bodentolerant

Standort: Sonnig bis halbschattig, widerstandsfähig gegen Immisionen, innerstädtisches Klima vertragend

Verwendung: Solitär, für Steingärten, Heidegärten, Rabatten, auf Gräbern, schöner Kontrast zu Immergrünen und dunklen Hintergründen, mobiles Grün

Besondere Hinweise: Der Name 'Filifera Aurea Nana' ist als Sorte nicht korrekt. Er sollte lediglich als Handelsname benutzt werden. Die richtige Bezeichnung ist 'Filifera Aurea'. Bei den hier bezeichneten Pflanzen handelt es sich um stecklingsvermehrte und zunächst schwächer wachsende Nachkommen, die im Alter aber wie die Ausgangsform werden. Alternative Sorte: 'Golden Mop', etwas schwächer und feiner wachsend

Winterhärtezone: 5

Chamaecyparis pisifera 'Filifera Nana'

Grüne Fadenzypresse

Cupressaceae

Herkunft: Cultivar/Sorte: ca. 1880 im Forstbotanischen Garten Tharandt (D) gefunden

Wuchs: Höhe: 0,5 / 1–1,5 m, Breite: 0,8 / 1,5–2 m; Kleinstrauch, flach kugelig bis kissenförmig, bis zum Boden beastet, Zweige fadenförmig, allseits überhängend, langsam wachsend

Nadeln: Tiefgrün bis gelbgrün, immergrün, schuppen- bis pfriemförmig

Boden: Durchlässige, frische, nährstoffreiche, sandig-humose bis sandig-lehmige, saure bis schwach alkalische Böden, kalkvertragend, bodentolerant

Standort: Sonnig bis halbschattig, widerstandsfähig gegen Immisionen, innerstädtisches Klima vertragend

Verwendung: Solitär, für Steingärten, Heidegärten, Rabatten, Vor- und Hausgärten, auf Gräbern, mobiles Grün

Winterhärtezone: 5

© HRM

Chamaecyparis pisifera 'Sungold'

Gelbe Zwerg-Fadenzypresse

Cupressaceae

Herkunft: Cultivar/Sorte: ausgelesen von Gordon Bentham (Kanada) als Sämling von 'Filifera Aurea', in Europa eingeführt 1969 von Grootendorst & Zoon (NL)

Wuchs: Höhe: 0,4 / 1,2 m, Breite: 0,8 / 2 m; Kleinstrauch, flach, halbkugelig, Zweige fadenförmig, allseits überhängend, langsam wachsend

Nadeln: Beständig goldgelb, im Winter etwas verblassend, immergrün, schuppenförmig

Boden: Durchlässige, frische, nährstoffreiche, sandig-humose bis sandig-lehmige, saure bis schwach alkalische Böden, kalkvertragend, bodentolerant

Standort: Sonnig bis halbschattig, widerstandsfähig gegen Immisionen, innerstädtisches Klima vertragend

Verwendung: Solitär, für Steingärten, an Terrassen, Heidegärten, zu Stauden, auf Gräbern, schöner Kontrast zu Immergrünen und dunklen Hintergründen

Winterhärtezone: 5

© HRM

© HRM

Cryptomeria japonica 'Cristata'

Hahnenkamm-Sicheltanne

Taxodiaceae

Herkunft: Cultivar/Sorte: vor 1900 in Yokohama gefunden

Wuchs: Höhe: 2–3 / 8–14 m, Breite: 1–1,5 / 3–5 m; unregelmäßig, schlank kegel- bis säulenförmig wachsender Baum, Äste kurz, Zweige kurz, steif, oft mit breiten, hahnenkammartigen Verbänderungen

Nadeln: Dunkelgrün, sichelförmig, einwärts gekrümmt, immergrün, nadelförmig, ziemlich steif, 6–10 mm lang

Boden: Tiefgründige, durchlässige, frische, nährstoffreiche, lehmig-sandige, eher saure Böden

Standort: Sonne bis Halbschatten, wärmeliebend, empfindlich gegenüber Sommerdürre, bevorzugt geschützte Standorte

Verwendung: Solitär, in Gruppen, für mittelgroße und große Gärten und Parkanlagen, Innenhöfe

Winterhärtezone: 6b; in rauen Lagen in der Jugend etwas Winterschutz geben

© HRM

Cryptomeria japonica 'Elegans Viridis'

Sicheltanne 'Elegans Viridis'

Taxodiaceae

Herkunft: Cultivar/Sorte: vor 1900 bekannt

Wuchs: Höhe: 2–3 / 10 m, Breite: 1–1,5 / 4 m; unregelmäßig buschig, gelegentlich auch baumförmig wachsend, breit kegelförmige Krone, Äste abstehend bis leicht ansteigend, sehr dicht gestellt

Nadeln: Bläulich grün, im Austrieb hellgrün, immergrün, nadelförmig, dünn, weich, abstehend und entfernt gestellt, sichelförmig, auch im Winter grün

Boden: Tiefgründige, durchlässige, frische, nährstoffreiche, lehmig-sandige, eher saure Böden

Standort: Absonnig, windgeschützt, ohne direkte Wintersonne, hohe Luftfeuchtigkeit, schneebruchgefährdet

Verwendung: Solitär, in Gruppen, für Vor- und Hausgärten, Rabatten, Heidegärten, japanische Gärten, an Gewässern, in Pflanzgefäßen

Winterhärtezone: 7a; mancherorts spätfrostgefährdet, vor allem in der Jugend etwas Winterschutz geben

x *Cupressocyparis leylandii*

Bastardzypresse, Leylandzypresse

Cupressaceae

Herkunft: Gattungsbastard aus *Chamaecyparis nootkatensis (Xantocyparis nootkatensis)* und *Cupressus macrocarpa*; erstmalig 1888 von C. J. Leyland (GB) ausgelesen

Wuchs: Höhe: 7 / 25 m, Breite: 3 / 9 m; großer Baum, schmal kegel- bis breit säulenförmig, Krone anfänglich locker, später zunehmend dichter werdend, bis zum Boden beastet, sehr raschwüchsig, Borke dunkelrotbraun

Nadeln: Im Austrieb grüngelb, später dunkelgrün, grau getönt, immergrün, schuppenförmig, ähnlich denen von *Chamaecyparis nootkatensis,* aromatisch harzig duftend

Zapfen: Rundlich, anfangs bläulich grün, später braun, 1,5–2 cm dick

Boden: Durchlässige, tiefgründige, frische, humose, saure bis schwach alkalische Böden, insgesamt bodentolerant und anspruchslos

Standort: Sonnig bis absonnig, in rauen Lagen Frostschäden bei kalten Ostwinden und starker Wintersonne, die sich jedoch meist schnell regenerieren

Verwendung: Solitär, in Gruppen, für große Gärten und Parks, hervorragende Heckenpflanze für hohe und schnellwüchsige Hecken

Winterhärtezone: 7a; in rauen Lagen in der Jugend etwas Winterschutz geben

© Floramedia

x *Cupressocyparis leylandii* 'Castlewellan Gold'

(syn.: x Cupressocyparis leylandii **'Castlewellan')**

Bastardzypresse 'Castlewellan Gold'

Cupressaceae

Herkunft: Cultivar/Sorte: Gattungsbastard aus *Chamaecyparis nootkatensis* 'Aurea' und *Cupressus macrocarpa* 'Lutea'

Wuchs: Höhe: 5 / 15 m, Breite: 2 / 6 m; mittelgroßer Baum, schmal kegel- bis breit säulenförmig, Krone anfänglich locker, später zunehmend dichter werdend, bis zum Boden beastet, raschwüchsig, aber wesentlich schwächer als *C.* x *leylandii*

Nadeln: Im Austrieb und vor allem an jungen Pflanzen goldgelb, an älteren bronzegrün, immergrün, schuppenförmig, teils nadelförmig, aromatisch harzig duftend

Boden: Durchlässige, tiefgründige, frische, humose, saure bis schwach alkalische Böden, insgesamt bodentolerant und anspruchslos

Standort: Sonnig bis absonnig, in rauen Lagen Frostschäden bei kalten Ostwinden und starker Wintersonne, die sich jedoch meist schnell regenerieren

Verwendung: Solitär, in Gruppen, für große Gärten und Parks, hervorragende Heckenpflanze für hohe und schnellwüchsige Hecken, guter Kontrast vor dunklen Gehölzpflanzungen und Gebäuden

Winterhärtezone: 7a; in rauen Lagen in der Jugend etwas Winterschutz geben

© HRM

© HRM

x *Cupressocyparis leylandii* 'Gold Rider'

Bastardzypresse 'Gold Rider'

Cupressaceae

Herkunft: Cultivar/Sorte: Mutante an 'Castlewellan Gold', gefunden vor 1985 von A. Vergeer (NL)

Wuchs: Höhe: 2 / 12 m, Breite: 1,2 / 5 m; mittelgroßer Baum, anfangs breit kegelförmig, später zunehmend säulenförmig, Krone anfänglich locker, später dichter werdend, bis zum Boden beastet, raschwüchsig, aber schwächer als *C.* 'Castlewellan Gold'

Nadeln: Goldgelb, intensiver gelb als 'Castlewellan Gold', immergrün, schuppenförmig, teils nadelförmig, aromatisch harzig duftend

Boden: Durchlässige, tiefgründige, frische, humose, saure bis schwach alkalische Böden, insgesamt bodentolerant und anspruchslos

Standort: Sonnig bis absonnig, unempfindlich gegenüber Sonneneinstrahlung, nur in rauen Lagen Frostschäden bei kalten Ostwinden und starker Wintersonne, die sich jedoch meist schnell regenerieren

Verwendung: Solitär, in Gruppen, in großen Gärten und Parks, hervorragende Heckenpflanze für hohe und schnellwüchsige Hecken, guter Kontrast vor dunklen Gehölzpflanzungen und Gebäuden

Winterhärtezone: 7a; in rauen Lagen in der Jugend etwas Winterschutz geben

© HRM

Ginkgo biloba

Fächerblattbaum, Ginkgobaum

Ginkgoaceae

Herkunft: Ost-China, Zhejiang; lebendes Fossil, das schon vor 180 Mio. Jahren auf der Erde wuchs, Fossilien des Ginkgo kann man weltweit finden; in Japan und Korea wurden die Pflanzen schon vor Jahrhunderten eingebürgert

Wuchs: Höhe: 8 / 30 m, Breite: 3 / 15 m; hoher Baum mit schmal kegelförmiger bis ausgebreiteter Krone, Zweigsystem auffällig in Lang- und Kurztriebe gegliedert, Borke grau, längsrissig, breit gefurcht

Nadeln: Hellgrün, sommergrün, fächerförmig, Nervatur nahezu parallel, fein gabelig verzweigt, 7–10 cm lang, bis 7 cm breit, einzeln oder in Büscheln an Kurztrieben, Herbstfärbung goldgelb

Zapfen: Samen kugelig bis leicht eiförmig, die äußere Samenschale weich, ca. 2,5 cm dick, orangegelb, mirabellenähnlich, unangenehm nach Butter- und Valeriansäure riechend, innere Samenschale verholzt, eiförmig, bis 2 cm lang, Samen essbar

Boden: Tiefgründige, durchlässige, mäßig trockene bis feuchte, saure bis alkalische Böden, kalkvertragend, bodentolerant und sehr widerstandsfähig gegen Immissionen und innerstädisches Klima

Standort: Sonnig bis halbschattig, hitzeverträglich, anspruchslos

Verwendung: Solitär, in Gruppen, für große Gärten und Parkanlagen, japanische Gärten, auf großen Rasenflächen, Straßen- und Alleebaum

Winterhärtezone: 5

Ginkgo biloba 'Mariken'

Zwerg-Ginkgobaum

Ginkgoaceae

Herkunft: Cultivar/Sorte: gefunden 1985 als Hexenbesen an einem *Ginkgo biloba* von P. Vergeldt (NL)

Wuchs: Höhe: 0,8 / 1,5–2 m, Breite: 1 / 2–2,5 m; buschig, abgeflacht rundlich, ziemlich geschlossen, Zweige abstehend bis leicht ansteigend, wird oft durch Stammveredlung als Kugelbäumchen angeboten

Nadeln: Hellgrün, sommergrün, fächerförmig, Nervatur nahezu parallel, fein gabelig verzweigt, 7–10 cm lang, bis 7 cm breit, einzeln oder in Büscheln an Kurztrieben, Herbstfärbung goldgelb

Zapfen: Keine Früchte, männliche Form

Boden: Tiefgründige, durchlässige, mäßig trockene bis feuchte, saure bis alkalische Böden, kalkvertragend, bodentolerant und sehr widerstandsfähig gegen Immissionen und innerstädisches Klima

Standort: Sonnig bis halbschattig, hitzeverträglich, anspruchslos

Verwendung: Solitär, für Stein- und Heidegärten, Vor- und Hausgärten, Alpinum, Rabatten, mobiles Grün, auch zur Erziehung als Bonsai geeignet

Besondere Hinweise: Alternative Sorte: 'Troll', Blätter etwas kleiner, leicht tütenartig gedreht

Winterhärtezone: 5

© HRM

Ginkgo biloba 'Princeton Sentry'

Säulen-Ginkgobaum

Ginkgoaceae

Herkunft: Cultivar/Sorte: 1967 eingeführt durch Baumschule Princeton (USA)

Wuchs: Höhe: 6 / 20 m, Breite: 3 / 5 m; Baum mit anfangs schmal kegelförmiger, später säulenförmiger Krone, Äste aufstrebend, steif, Borke grau, längsrissig

Nadeln: Hellgrün, sommergrün, fächerförmig, Nervatur nahezu parallel, fein gabelig verzweigt, 7–10 cm lang, bis 7 cm breit, einzeln oder in Büscheln an Kurztrieben, Herbstfärbung goldgelb

Zapfen: Keine Früchte, männliche Form

Boden: Tiefgründige, durchlässige, mäßig trockene bis feuchte, saure bis alkalische Böden, kalkvertragend, bodentolerant und sehr widerstandsfähig gegen Immissionen und innerstädisches Klima

Standort: Sonnig bis halbschattig, hitzeverträglich, anspruchslos

Verwendung: Solitär, in Gruppen, für große Gärten und Parkanlagen, auf großen Rasenflächen, sehr wertvoller Straßen- und Alleebaum, auch für beengte Straßenverhältnisse

Besondere Hinweise: Alternative Sorte: 'Tremonia', noch schlanker und streng säulenförmig wachsend

Winterhärtezone: 5

© HRM

Juniperus chinensis 'Blue Alps'

Chinesischer Wacholder 'Blue Alps'

Cupressaceae

Herkunft: Cultivar/Sorte: vor 1983 gefunden von H. J. Welch (Österreich)
Wuchs: Höhe: 1,5 / 4 m, Breite: 1 / 1,5–3 m; aufrechter Strauch, buschig, dicht verzweigt, Hauptäste schräg aufwärtsgerichtet, Triebspitzen zierlich abstehend oder übergebogen
Nadeln: Bläulich grün, unterseits silbrig weiße Stomabänder, immergrün, nadelförmig, 7–12 mm lang, scharf zugespitzt
Boden: Alle Gartenböden, bevorzugt mäßig trockene bis frische, sandiglehmige, saure bis schwach alkalische Böden, kalkvertragend
Standort: Sonnig, lichter Schatten, nicht schattig, widerstandsfähig gegen Immissionen, für innerstädtisches Klima geeignet
Verwendung: Solitär, in Gruppen, für Vor- und Hausgärten, Parkanlagen, Steingärten, Heidegärten, an Böschungen, zusammen mit Rosen
Winterhärtezone: 5

Juniperus chinensis 'Spartan'
(syn.: *Juniperus virginiana* 'Helle')

Chinesischer Wacholder 'Spartan'

Cupressaceae

Herkunft: Cultivar/Sorte: 1961 von den Monrovia Baumschulen (USA) eingeführt
Wuchs: Höhe: 2,5 / 6 m, Breite: 1 / 2 m; säulenförmig bis leicht oval oder später breit pyramidal, Äste straff aufrecht und dicht stehend
Nadeln: Ganzjährig tiefgrün, immergrün, schuppenförmig, feingliedrig
Boden: Alle Gartenböden, bevorzugt mäßig trockene bis frische, sandiglehmige, saure bis schwach alkalische Böden, kalkvertragend
Standort: Sonnig, lichter Schatten, nicht schattig, widerstandsfähig gegen Immissionen, für innerstädtisches Klima geeignet
Verwendung: Solitär, in Gruppen, für Gärten und Parkanlagen, Vor- und Hausgärten, Heidegärten, große Steingärten, mediterrane Gärten (winterharter Ersatz für echte Zypresse)
Winterhärtezone: 5

Juniperus chinensis 'Stricta'

Blauer Kegel-Wacholder

Cupressaceae

Herkunft: Cultivar/Sorte: seit 1945 in den Niederlanden bekannt
Wuchs: Höhe: 1,5 / 5 m, Breite: 1 / 2 m; regelmäßig kegelförmiger Strauch, manchmal auch breit säulenförmig, sehr dicht und regelmäßig verzweigt, Triebe aufrecht, ziemlich kurz
Nadeln: Blaugrün, unterseits bereift, im Winter stahlblau, immergrün, nadelförmig
Boden: Alle Gartenböden, bevorzugt mäßig trockene bis frische, sandiglehmige, saure bis schwach alkalische Böden, kalkvertragend
Standort: Sonnig, lichter Schatten, nicht schattig, widerstandsfähig gegen Immissionen, für innerstädtisches Klima geeignet
Verwendung: Solitär, in Gruppen, für Gärten und Parkanlagen, Vor- und Hausgärten, Heidegärten, große Steingärten, mobiles Grün
Winterhärtezone: 5

© HRM

Juniperus communis 'Gold Cone'

Gelber Säulen-Wacholder

Cupressaceae

Herkunft: Cultivar/Sorte: seit 1980 im Handel
Wuchs: Höhe: 1,2 / 3 m, Breite: 0,6 / 1 m; dichte Säulenform, Zweige straff aufrecht, etwas schwächer und kompakter wachsend als 'Hibernica'
Nadeln: Lebhaft goldgelb, im Innern und im Schatten gelbgrün, immergrün, nadelförmig, bis 15 mm lang, 1–2 mm breit, linealisch, scharf zugespitzt, nicht stechend
Boden: Durchlässige, trockene bis frische, stark saure bis alkalische Böden, kalkvertragend, insgesamt bodentolerant, wächst auch auf nährstoffarmen, sandigen Böden
Standort: Sonnig, innerstädtisches Klima vertragend, schneedruckempfindlich
Verwendung: Solitär, in Gruppen, für Vor- und Hausgärten, Parkanlagen, Steingärten, Heidegärten, Rabatten, Terrassen, Dachgärten, zu Stauden und Gräsern, als geometrisches Formelement
Winterhärtezone: 3

© HRM

© HRM

Juniperus communis 'Goldschatz'

Gelber Teppich-Wacholder

Cupressaceae

Herkunft: Cultivar/Sorte: als Mutation an *J. c.* 'Repanda' von der Baumschule Sämann, Bautzen (D) gefunden und 2007 eingeführt

Wuchs: Höhe: 0,2 / 0,3 m, Breite: 1,2 / 3 m; Zwergstrauch, kriechend, flach niederliegend und dichte Polster bildend, Äste allseitig ausgebreitet

Nadeln: Im Austrieb orangegelb, später leuchtend goldgelb, im Innern gelbgrün, immergrün, nadelförmig, nicht stechend, 5–8 mm lang

Boden: Durchlässige, trockene bis frische, stark saure bis alkalische Böden, kalkvertragend, insgesamt bodentolerant, wächst auch auf nährstoffarmen, sandigen Böden

Standort: Sonnig, innerstädtisches Klima vertragend, nicht sonnenbrandgefährdet

Verwendung: Bodendecker, für kleine und große Gärten, Rabatten, Steingärten, Heidegärten, Böschungen, Dachgärten, Kübel und Tröge, Gräber, zu Stauden

Winterhärtezone: 5

© HRM

Juniperus communis 'Green Carpet'

Grüner Teppich-Wacholder

Cupressaceae

Herkunft: Cultivar/Sorte: gefunden 1984 von Mr Bryne an der Küste von Norwegen

Wuchs: Höhe: 0,1 / 0,15 m, Breite: 1 / 2 m; Zwergstrauch, mattenartig kriechend, sehr niedrig bleibend

Nadeln: Im Austrieb lebhaft grün, im Winter dunkelgrün, immergrün, nadelförmig, bis 15 mm lang, 1–2 mm breit, linealisch, steif und stechend

Boden: Durchlässige, trockene bis frische, stark saure bis alkalische Böden, kalkvertragend, insgesamt bodentolerant, wächst auch auf nährstoffarmen, sandigen Böden

Standort: Sonnig bis absonnig, innerstädtisches Klima vertragend

Verwendung: Bodendecker, für kleine und große Gärten, Rabatten, Steingärten, Heidegärten, Böschungen, Dachgärten, Kübel und Tröge, Gräber, zu Stauden

Besondere Hinweise: Alternative Sorte: *Juniperus communis* 'Greenmantle', nur wenig höher werdend und mit weichen, frischgrünen, nicht stechenden Nadeln

Winterhärtezone: 4

Juniperus communis 'Hibernica'

Irischer Säulen-Wacholder

Cupressaceae

Herkunft: Cultivar/Sorte: in Irland ausgelesen und seit dem 19. Jh. bekannt
Wuchs: Höhe: 1,5–2 / 5 m, Breite: 0,7 / 1,2 m; dichte, schmale Säulenform, Zweige straff aufrecht, Zweigspitzen aufrecht
Nadeln: Blaugrün, immergrün, nadelförmig, bis 15 mm lang, 1–2 mm breit, linealisch, scharf zugespitzt, aber nicht stechend
Zapfen: Kugelige Beerenzapfen, schwarzblau, graublau bereift, 6–9 mm dick
Boden: Durchlässige, trockene bis frische, stark saure bis alkalische Böden, kalkvertragend, insgesamt bodentolerant, wächst auch gut auf nährstoffarmen, sandigen Böden
Standort: Sonnig, innerstädtisches Klima vertragend, schneedruckempfindlich
Verwendung: Solitär, in Gruppen, für Vor- und Hausgärten, Parkanlagen, Steingärten, Heidegärten, Rabatten, Terrassen, Dachgärten, zu Stauden und Gräsern, als geometrisches Formelement
Besondere Hinweise: Alternative Sorten: 'Suecica' (mit stechenden Nadeln), 'Meyer' (etwas breiter werdend), 'Arnold', 'Compressa' und 'Sentinel' (schwachwüchsiger und schlanker)
Winterhärtezone: 3

© HRM

Juniperus communis 'Repanda'

Grüner Teppich-Wacholder

Cupressaceae

Herkunft: Cultivar/Sorte: von M. Prichard vor 1934 in Irland gefunden
Wuchs: Höhe: 0,3 / 0,5 m, Breite: 1,5 / 3 m; Zwergstrauch, kriechend, Äste allseitig ausgebreitet, flach niederliegend bis leicht ansteigend
Nadeln: Dunkelgrün, silbrig gestreift, unten grün, immergrün, nadelförmig, 5–8 mm lang, 1–2 mm breit, dicht stehend, etwas nach innen gebogen, weich und nicht stechend
Boden: Durchlässige, trockene bis frische, stark saure bis alkalische Böden, kalkvertragend, insgesamt bodentolerant, wächst auch gut auf nährstoffarmen, sandigen Böden
Standort: Sonnig bis absonnig, innerstädtisches Klima vertragend
Verwendung: Bodendecker, für kleine und große Gärten, Rabatten, Steingärten, Heidegärten, Böschungen, Dachgärten, Kübel und Tröge, Gräber, zu Stauden
Winterhärtezone: 3

© HRM

Juniperus conferta 'Schlager'
(syn.: Juniperus rigida 'Schlager'*)*

Küsten-Wacholder, Sachalin-Wacholder

Cupressaceae

Herkunft: Cultivar/Sorte: seit 1976 in GB bekannt
Wuchs: Höhe: 0,3 / 0,4 m, Breite: 1,5 / 3 m; niederliegender Strauch, Äste kriechend, Zweige teils aufrecht
Nadeln: Im Austrieb frischgrün, später blaugrün mit silberweißen Spaltöffnungsbändern, immergrün, nadelförmig, mit 12–15 mm sehr lang, leicht stechend
Boden: Durchlässige, frische, sandige, humose Böden
Standort: Sonnig bis absonnig, liebt Luftfeuchtigkeit
Verwendung: Solitär, in Gruppen, Bodendecker, für kleine und große Gärten, Rabatten, Steingärten, Heidegärten, Böschungen, Dachgärten, Kübel und Tröge
Besondere Hinweise: Alternative Sorte: *Juniperus conferta* 'Blue Pacific', mit silberbläulichen Nadeln
Winterhärtezone: 6a

Juniperus horizontalis 'Blue Chip'
(syn.: Juniperus horizontalis 'Blue Moon'*)*

Blauer Teppich-Wacholder

Cupressaceae

Herkunft: Cultivar/Sorte: vor 1993 von A. M. Jensen (DK) ausgelesen
Wuchs: Höhe: 0,3 / 0,4 m, Breite: 1 / 3 m; Zwergstrauch, Äste flach ausgebreitet, Zweige zunächst ansteigend, später niederliegend, im Zentrum leicht erhöht
Nadeln: Auffällig silbrig graublau, immergrün, nadelförmig, 2–5 mm lang
Boden: Durchlässige, flach- bis tiefgründige, humose, trockene bis mäßig feuchte, auch nährstoffarme, sandige Böden, bodentolerant, ungünstig sind feuchte, schwere Böden
Standort: Sonnig, lichter Schatten, rauchhart, innerstädtisches Klima vertragend
Verwendung: Solitär, in Gruppen, Bodendecker, für kleine und große Gärten, Steingärten, Heidegärten, Rabatten, Böschungen, Trockenmauern, Gräber, Kübel und Tröge, zu Rosen und Stauden
Winterhärtezone: 5

Juniperus horizontalis 'Golden Carpet'

Gelber Teppich-Wacholder

Cupressaceae

Herkunft: Cultivar/Sorte: als Mutation an 'Wiltonii' vor 1992 von H. Kruse (D) ausgelesen
Wuchs: Höhe: 0,1 / 0,15 m, Breite: 1 / 3 m; Zwergstrauch, flach ausgebreitet, dicht teppichförmig wachsend, über Mauern bogig, fast senkrecht herabwachsend
Nadeln: Im Austrieb goldgelb, später grünlich gelb, immergrün, überwiegend schuppenförmig, dicht angedrückt, sehr klein
Boden: Durchlässige, flach- bis tiefgründige, humose, trockene bis mäßig feuchte, auch nährstoffarme, sandige Böden, bodentolerant, ungünstig sind feuchte, schwere Böden
Standort: Sonnig, lichter Schatten, rauchhart, innerstädtisches Klima vertragend
Verwendung: Solitär, in Gruppen, Bodendecker, für kleine und große Gärten, Steingärten, Heidegärten, Rabatten, Böschungen, Trockenmauern, Gräber, Kübel, Tröge und Balkonkästen
Winterhärtezone: 5

© HRM

Juniperus horizontalis Icee Blue®Ⓢ
(syn.: Juniperus horizontalis 'Monber')

Blauer Teppich-Wacholder

Cupressaceae

Herkunft: Cultivar/Sorte: 1996 von der Baumschule Monrovia (USA) eingeführt
Wuchs: Höhe: 0,15 / 0,2 m, Breite: 0,8 / 2 m; Zwergstrauch, flach ausgebreitet, sehr dicht teppichförmig wachsend, über Mauern bogig, fast senkrecht herabwachsend
Nadeln: Ganzjährig intensiv silbrig blau, immergrün, schuppenförmig, dicht anliegend, kurz, auch im Winter nicht verfärbend, eine der am intensivsten silbrig blauen Sorten
Boden: Durchlässige, flach- bis tiefgründige, humose, trockene bis mäßig feuchte, auch nährstoffarme, sandige Böden, bodentolerant, ungünstig sind feuchte, schwere Böden
Standort: Sonnig, lichter Schatten, rauchhart, innerstädtisches Klima vertragend
Verwendung: Solitär, in Gruppen, Bodendecker, für kleine und große Gärten, Steingärten, Heidegärten, Rabatten, Böschungen, Trockenmauern, Gräber, Kübel, Tröge und Balkonkästen, zu Rosen und Stauden
Winterhärtezone: 5

© HRM

© Hachmann

Juniperus horizontalis 'Limeglow'

Gelber Kissen-Wacholder

Cupressaceae

Herkunft: Cultivar/Sorte: 1988 von L. C. Hatch (USA) gefunden
Wuchs: Höhe: 0,3 / 0,5 m, Breite: 0,8 / 2 m; Zwergstrauch, dichtbuschig, kissenförmig wachsend, Zweige von der Mitte gleichmäßig nach außen gerichtet, leicht ansteigend
Nadeln: Im Austrieb (Juni) auffällig zitronengelb, im Winter zu Bronzegelb wechselnd, immergrün, pfriemförmig, sehr dicht stehend und locker angedrückt
Boden: Durchlässige, flach- bis tiefgründige, humose, trockene bis mäßig feuchte, auch nährstoffarme, sandige Böden, bodentolerant, ungünstig sind feuchte, schwere Böden
Standort: Sonnig, lichter Schatten, rauchhart, innerstädtisches Klima vertragend
Verwendung: Solitär, in Gruppen, Bodendecker, für kleine und große Gärten, Steingärten, Heidegärten, Rabatten, Böschungen, Trockenmauern, Gräber, Kübel und Tröge
Besondere Hinweise: Alternative Sorte: 'Andorra Compact', etwas stärker wachsend und grüne Nadeln
Winterhärtezone: 6

© HRM

Juniperus horizontalis 'Wiltonii'
(syn.: *Juniperus horizontalis* 'Blue Rug')

Blauer Teppich-Wacholder

Cupressaceae

Herkunft: Cultivar/Sorte: 1914 von Jacob C. van Heiningen (USA) gefunden
Wuchs: Höhe: 0,15 / 0,2 m, Breite: 1,5 / 3 m; Zwergstrauch, flach ausgebreitet, sehr dicht teppichförmig wachsend, über Mauern bogig, fast senkrecht herabwachsend
Nadeln: Intensiv silbrig blau, im Winter graublau, immergrün, schuppenförmig, dicht anliegend
Zapfen: Ältere Pflanzen setzen 7–9 mm dicke, kugelige, blauschwarze, bläulich bereifte Beerenzapfen an
Boden: Durchlässige, flach- bis tiefgründige, humose, trockene bis mäßig feuchte, auch nährstoffarme, sandige Böden, bodentolerant, ungünstig sind feuchte, schwere Böden
Standort: Sonnig, lichter Schatten, rauchhart, innerstädtisches Klima vertragend
Verwendung: Solitär, in Gruppen, Bodendecker, für kleine und große Gärten, Steingärten, Heidegärten, Rabatten, Böschungen, Trockenmauern, Gräber, Kübel, Tröge und Balkonkästen, zu Rosen und Stauden
Besondere Hinweise: Alternative Sorten: *Juniperus horizontalis* 'Glauca', unter dieser Bezeichnung werden verschiedene, ähnlich blaunadelige Klone angeboten
Winterhärtezone: 5

Juniperus x *media* 'Goldkissen'
(syn.: Heute gültige Bezeichnung *Juniperus* x *pfitzeriana* 'Goldkissen')

Gelber Strauch-Wacholder

Cupressaceae

Herkunft: Cultivar/Sorte: 1980 von G. Oltmanns (D) eingeführt

Wuchs: Höhe: 1 / 1,5 m, Breite: 1,5 / 4 m; breitwüchsiger Strauch mit leicht ansteigenden Ästen, nach außen sanft bogenförmig übergeneigt bis bodenaufliegend, Zweigspitzen nickend oder überhängend

Nadeln: Leuchtend hellgelb, im Winter grüngelb, besonders schön während des Austriebs im Frühjahr und Sommer, immergrün, schuppen- bis nadelförmig

Boden: Durchlässige, flach- bis tiefgründige, trockene bis mäßig feuchte Böden, alle Gartenböden, sauer bis alkalisch, kalkvertragend

Standort: Sonnig, leichten Schatten vertragend (dann jedoch nicht so kräftig gelb ausgefärbt), gegen Immissionen und innerstädtisches Klima widerstandsfähig

Verwendung: Solitär in Gruppen, für Vor- und Hausgärten, öffentliches Grün, Rabatten, große Heidegärten, Dachgärten, mobiles Grün, zu hohen Stauden, sehr kontrastreich mit dunkelgrünen Pflanzen

Winterhärtezone: 5

© HRM

Juniperus x *media* 'Mint Julep' (syn.: Heute gültige Bezeichnung *Juniperus* x *pfitzeriana* 'Mint Julep')

Grüner Strauch-Wacholder

Cupressaceae

Herkunft: Cultivar/Sorte: vor 1960 von der Baumschule Monrovia (USA) eingeführt

Wuchs: Höhe: 1,5 / 2 m, Breite: 2 / 3 m; kompakter Strauch, abgeflacht, Äste breit und bogig auseinanderstrebend, dicht und voll verzweigt, Zweige fein, Triebspitzen leicht hängend

Nadeln: Frischgrün bis dunkelgrün, im Austrieb etwas gelbgrün, immergrün, schuppen- bis nadelförmig, frischaromatisch duftend

Boden: Durchlässige, flach- bis tiefgründige, trockene bis mäßig feuchte Böden, alle Gartenböden, sauer bis alkalisch, kalkvertragend

Standort: Sonnig, halbschattig, gegen Immissionen und innerstädtisches Klima widerstandsfähig

Verwendung: Solitär, in Gruppen, Flächendecker, für Vor- und Hausgärten, öffentliches Grün, Rabatten, große Heidegärten, Dachgärten, mobiles Grün, zu hohen Stauden

Winterhärtezone: 5

© Floramedia

© HRM

Juniperus x *media* 'Old Gold'
(syn.: Heute gültige Bezeichnung *Juniperus* x *pfitzeriana* 'Old Gold')

Gelber Strauch-Wacholder

Cupressaceae

Herkunft: Cultivar/Sorte: vor 1958 als Mutation an 'Pfitzeriana Aurea' von F. J. Grootendorst & Zoon (NL) gefunden

Wuchs: Höhe: 0,8 / 1,5 m, Breite: 1,5 / 3,0 m; breit strauchig, ziemlich kompakt, Äste leicht ansteigend, untere fast bodenaufliegend, Zweigspitzen sanft überhängend

Nadeln: Im Austrieb goldgelb, später gelbgrün, immergrün, schuppen- bis nadelförmig

Boden: Durchlässige, flach- bis tiefgründige, trockene bis mäßig feuchte Böden, alle Gartenböden, sauer bis alkalisch, kalkvertragend

Standort: Sonnig, leichten Schatten vertragend (dann jedoch nicht so kräftig gelb ausgefärbt), gegen Immissionen und innerstädtisches Klima widerstandsfähig

Verwendung: Solitär, in Gruppen, Flächendecker, für Vor- und Hausgärten, öffentliches Grün, Rabatten, große Heidegärten, Dachgärten, mobiles Grün, zu hohen Stauden

Besondere Hinweise: Alternative Sorten: 'Gold Coast', 'Gold Star' mit ähnlichen Wuchseigenschaften

Winterhärtezone: 5

© HRM

Juniperus procumbens 'Nana'

Japanischer Kriech-Wacholder

Cupressaceae

Herkunft: Cultivar/Sorte: 1904 durch die Baumschule D. Hill (USA) eingeführt

Wuchs: Höhe: 0,2 / 0,4 m, Breite: 1 / 2 m; Zwergstrauch, Äste mattenartig niederliegend, dicht verzweigt, wird auch als kleine Stammveredlung angeboten, Zweige dann bogig herabhängend

Nadeln: Blaugrün bis blaugrau, immergrün, nadelförmig, 6–8 mm lang, zu dritt in Quirlen, spitz, leicht stechend

Boden: Durchlässige, flach- bis tiefgründige, nahrhafte, trockene bis frische, auch arme und sandige Böden, bodentolerant

Standort: Sonnig bis lichter Schatten

Verwendung: Solitär, in Gruppen, Bodendecker, für kleine und große Gärten, Steingärten, Heidegärten, Rabatten, Böschungen, Trockenmauern, Gräber, Kübel, Tröge und Balkonkästen, zu Rosen und Stauden

Winterhärtezone: 6b

Juniperus sabina 'Tamariscifolia'

Tamarisken-Wacholder

Cupressaceae

Herkunft: Cultivar/Sorte: schon seit 1789 in Kultur

Wuchs: Höhe: 0,3 / 0,8 m, Breite: 1,5 / 2,5 m; Zwergstrauch, Äste gleichmäßig nach allen Seiten waagerecht ausgebreitet, sich schindelartig übereinanderlegend, Zweige kurz, leicht aufstrebend

Nadeln: Dunkel graugrün, auch bläulich grün, immergrün, nadelförmig, bis 5 mm lang, 1 mm breit, spitz

Boden: Durchlässige, sandig-humose bis kiesige, trockene bis mäßig feuchte, schwach saure bis alkalische Böden, kalkvertragend, auch sehr nährstoffarme sandige oder felsige Böden möglich

Standort: Sonnig bis halbschattig, verträgt Hitze und Trockenheit, industrie- und stadtklimafest

Verwendung: Solitär, in Gruppen, Bodendecker, für Vor-und Hausgärten, öffentliches Grün, Steingärten, Heidegärten, an Terrassen, mobiles Grün

Besondere Hinweise: Alternative Sorte: 'Tam no Blight', eine gegenüber Pilzkrankheiten unempfindlichere Sorte, im Habitus sehr ähnlich

Winterhärtezone: 5

© HRM

Juniperus scopulorum 'Blue Arrow'
(syn.: *Juniperus virginiana* 'Blue Arrow')

Blauer Säulen-Wacholder

Cupressaceae

Herkunft: Cultivar/Sorte: eingeführt von T. Tesselaar, Pine Grove Nursery (Kanada)

Wuchs: Höhe: 2,5 / 7 m, Breite: 0,5 / 1,2 m; Großstrauch, sehr schlank wachsende, dicht geschlossene Säulenform, Äste und Zweige senkrecht ansteigend und anliegend

Nadeln: Blaugrün bis silbrig blau, im Winter graublau, immergrün, nahezu schuppenförmig, klein, dicht anliegend

Boden: Durchlässige, flach- bis tiefgründige, trockene bis frische, schwach saure bis alkalische, auch nährstoffarme, sandige oder felsige Böden

Standort: Sonnig bis absonnig, industrie- und stadtklimafest

Verwendung: Solitär, in Gruppen, für kleine und große Gärten, Parkanlagen, Steingärten, Heidegärten, Hecken, für streng geometrische Akzente, in mediterranen Anlagen als winterharter Zypressenersatz

Besondere Hinweise: Alternative Sorte: 'Skyrocket', nicht so kräftig in der Farbe und weniger kompakt wachsend

Winterhärtezone: 6b

© HRM

© Floramedia

Juniperus scopulorum 'Moonglow'
(syn.: *Juniperus virginiana* 'Moonglow')

Blauer Säulen-Wacholder

Cupressaceae

Herkunft: Cultivar/Sorte: eingeführt vor 1970 durch die Hillside Gardens (USA)

Wuchs: Höhe: 2 / 6 m, Breite: 0,7 / 1,5–2 m; Großstrauch, dicht geschlossene, schlanke Kegelform, Äste und Zweige schräg aufrecht ansteigend

Nadeln: Silbrig blau, klein, immergrün, nadel- bis schuppenförmig

Boden: Durchlässige, flach- bis tiefgründige, trockene bis frische, schwach saure bis alkalische, auch nährstoffarme, sandige oder felsige Böden

Standort: Sonnig bis absonnig, industrie- und stadtklimafest

Verwendung: Solitär, in Gruppen, für Vor- und Hausgärten, Parkanlagen, große Stein- und Heidegärten, Hecken, für streng geometrische Akzente, in mediterranen Anlagen als winterharter Zypressenersatz

Winterhärtezone: 6b

© HRM

Juniperus squamata 'Blue Carpet'

Blauer Kriech-Wacholder

Cupressaceae

Herkunft: Cultivar/Sorte: vor 1972 von J. Schoemaker (NL) als Mutation an J.s. 'Meyeri' gefunden

Wuchs: Höhe: 0,3 / 0,5 m, Breite: 1,5 / 3 m; Kleinstrauch, flach ausgebreitet, Äste leicht aufstrebend, langtriebig, Triebspitzen überhängend

Nadeln: Silbrig blau bis stahlblau, immergrün, nadelförmig, 6–10 mm lang, 1,5 mm breit, spitz und scharf

Boden: Anspruchslos, trockene bis frische, gut durchlässige, saure bis alkalische Böden, kalkvertragend

Standort: Sonnig, hitzeverträglich, stadtklimafest

Verwendung: Solitär, in Gruppen, Bodendecker, für kleine und große Gärten, Steingärten, Heidegärten, Rabatten, Böschungen, Trockenmauern, Gräber, Kübel, Tröge und Balkonkästen, zu Rosen und Stauden

Winterhärtezone: 5

Juniperus squamata 'Blue Star'

Blauer Zwerg-Wacholder

Cupressaceae

Herkunft: Cultivar/Sorte: um 1950 von A. Hoogeveen (NL) als Hexenbesen an J. s. 'Meyeri' gefunden

Wuchs: Höhe: 0,3 / 0,5 m, Breite: 0,7 / 1,5 m; Zwergstrauch, dichtbuschig kompakt, im Alter unregelmäßig abgeflacht halbkugelig

Nadeln: Silbrig blau bis stahlblau, immergrün, nadelförmig, 6–10 mm lang, 1,5 mm breit, spitz und scharf

Boden: Anspruchslos, trockene bis frische, gut durchlässige, saure bis alkalische Böden, kalkvertragend

Standort: Sonnig

Verwendung: Solitär, in Gruppen, für kleine und große Gärten, Steingärten, Heidegärten, Rabatten, Gräber, Kübel, Tröge und Balkonkästen, zu Rosen und Stauden

Winterhärtezone: 5

© HRM

Juniperus squamata 'Meyeri'

Blauzeder-Wacholder

Cupressaceae

Herkunft: Cultivar/Sorte: vor 1914 vom Pflanzensammler Frank Meyer (USA) in China gefunden

Wuchs: Höhe: 2 / 4 m, Breite: 1,5 / 3 m; kurzstämmiger Großstrauch mit unregelmäßig trichterförmig aufsteigenden, kräftigen Hauptästen, zahlreiche kurze Seitentriebe, Triebspitzen leicht hängend, im Alter lockerer, offener Wuchs

Nadeln: Silbrig blau, immergrün, nadelförmig, 6–10 mm lang, 1,5 mm breit, spitz und scharf

Boden: Anspruchslos, trockene bis frische, gut durchlässige, saure bis alkalische Böden, kalkvertragend

Standort: Sonnig bis absonnig, hitzeverträglich, stadtklimafest

Verwendung: Solitär, in Gruppen, für größere Gärten, Steingärten, Rückschnitt bei älteren Pflanzen empfohlen

Winterhärtezone: 5

© HRM

© HRM

Juniperus virginiana 'Canaertii'

Virginischer Wacholder 'Canaertii', Grüner Zypressen-Wacholder

Cupressaceae

Herkunft: Cultivar/Sorte: seit 1868 in Kultur und in Gedenken an Canaert d'Hamale (Belgien) benannt

Wuchs: Höhe: 3 / 7 m, Breite: 1 / 2,5 m; kleiner, kurzstämmiger Baum, dichtwüchsig und schlank aufstrebend, im Alter leicht oval, Zweige kurz, Triebspitzen leicht überhängend

Nadeln: Tiefgrün, immergrün, an Jungtrieben schuppenförmig, 5–7 mm lang, an älteren vielfach pfriemlich, nicht stechend

Zapfen: Kugelige, dunkelblaue Beerenzapfen, blau-weiß bereift, bis 6 mm dick, zahlreich im Herbst

Boden: Anspruchslos, trockene bis frische, saure bis alkalische Böden, kalkvertragend, liebt tiefgründige, nährstoffreiche Standorte, gedeiht aber auch auf ungünstigen, nährstoffarmen, trocken-sandigen, kiesigen oder lehmigen Böden

Standort: Sonnig, hitzeverträglich

Verwendung: Solitär, in Gruppen, für größere Gärten, Parkanlagen, große Stein- und Heidegärten, zum Setzen geometrischer Akzente

Winterhärtezone: 4

© HRM

Larix decidua

Europäische Lärche

Pinaceae

Herkunft: Zentraleuropa, in Gebirgslagen der Alpen, Karpaten, bis über 2000 m

Wuchs: Höhe: 7 / 30 m, Breite: 8 / 15 m; raschwüchsiger, großer Baum mit geradem Stamm und kegelförmiger Krone, im Alter breiter werdend und Krone abgeflacht, Äste waagerecht bis leicht aufstrebend, Zweige dünn, lang, oft hängend, Schuppenborke dunkelrotbraun, raschwüchsig

Nadeln: Im Austrieb hellgrün, später dunkler grün, sommergrün, nadelförmig, 2–3 cm lang, weich, stumpf, schmal linealisch, abgeflacht, an Kurztrieben in Büscheln zu 30–40 sitzend, spiralig an Langtrieben, leuchtend gelb im Herbst

Zapfen: Eirund bis länglich eiförmig, anfangs grünlich, später braun, 2–4 cm lang, kurzgestielt, aufrecht, zahlreich

Boden: Bevorzugt nährstoffreiche, tiefgründige, frische bis feuchte Böden, sauer bis alkalisch, kalkvertragend, gedeiht aber auch auf armen Sandböden

Standort: Sonnig, frei stehend

Verwendung: Solitär, in lockeren Gruppen, für große Gärten, Parkanlagen, Wälder, Alleen, Hecken, kontrastbildend mit dunklen Nadelgehölzen oder rotblättrigen Laubgehölzen

Winterhärtezone: 4

Larix decidua 'Puli'

Hänge-Lärche

Pinaceae

Herkunft: Cultivar/Sorte: vor 1995 von Jozsa Miklos (Ungarn) gefunden

Wuchs: Höhe: 1,5 / 5 m, Breite: 0,6 / 1,3 m; Hängeform der heimischen Lärche, Äste lang herabhängend, schlanke, aufstrebende Wuchsform nur zu erreichen über das Aufbinden am Stab, sonst kriechend, wird in der Regel als Stammveredlung angeboten, sodass schlanke, zierliche Hängeformen entstehen können

Nadeln: Im Austrieb hellgrün, später dunkler grün, sommergrün, nadelförmig, 2–3 cm lang, weich, leuchtend gelb im Herbst

Boden: Bevorzugt nährstoffreiche, tiefgründige, frische bis feuchte Böden, sauer bis alkalisch, kalkvertragend, gedeiht aber auch auf armen Sandböden

Standort: Sonnig, frei stehend

Verwendung: Solitär, für exponierte Standorte in Vor- und Hausgärten, Parkanlagen, Rabatten, Heidegärten, für mobiles Grün

Besondere Hinweise: Alternative Sorten: *Larix decidua* 'Pendula' (etwas stärker im Wuchs), *Larix kaempferi* 'Stiff Weeper' (bläulich graugrüne Nadeln)

Winterhärtezone: 4

Larix kaempferi

Japanische Lärche

Pinaceae

Herkunft: Japan, Z-Honshu, in Bergwäldern, in Höhen von 1200–2000 m; in Europa Waldbaum

Wuchs: Höhe: 8 / 25–30 m, Breite: 5 / 15 m; großer Baum, Krone anfangs kegelförmig, im Alter breit ausladend, Äste waagerecht abstehend oder leicht bogig ansteigend, Zweige hängend, Schuppenborke rotbraun, tief gefurcht

Nadeln: Bläulich grün, im Austrieb blau bereift, später vergrünend, sommergrün, nadelförmig, leuchtend gelb im Herbst, nadelförmig, 20–35 mm lang, 1–1,5 mm breit, an Kurztrieben in Büscheln zu 30–50 sitzend, spiralig an Langtrieben

Zapfen: Anfangs eirund, grünlich bis violettrot, später durch die stark zurückgerollten Fruchtschuppen rosettenförmig, bis 5 cm lang und 3 cm breit, hellbraun, aufrecht

Boden: Bevorzugt nährstoffreiche, tiefgründige, frische bis feuchte Böden, sauer bis alkalisch, kalkvertragend, bei ausreichend Wasserangebot gedeiht sie auch gut auf armen Sandböden

Standort: Sonnig, frei stehend

Verwendung: Solitär, in lockeren Gruppen, für große Gärten, Parkanlagen, Wälder, Alleen, Hecken, kontrastbildend mit dunklen Nadelgehölzen oder rotblättrigen Laubgehölzen

Winterhärtezone: 5

Larix kaempferi 'Diana'

Korkenzieher-Lärche

Pinaceae

Herkunft: Cultivar/Sorte: 1974 von G. D. Böhlje (D) gefunden

Wuchs: Höhe: 3 / 8 m, Breite: 1,5 / 4 m; kleiner Baum mit korkenzieherartig gedrehten Ästen und Zweigen, bizarre Form, in der Jugend langsam wachsend

Nadeln: Im Austrieb hellgrün, später bläulich grün, sommergrün, nadelförmig, leuchtend gelb im Herbst, 20–35 mm lang, 1–1,5 mm breit, an Kurztrieben in Büscheln zu 20–40, spiralig an Langtrieben

Zapfen: Anfangs eirund, meist grünlich, teilweise violettrot, später durch die stark zurückgerollten Fruchtschuppen rosettenförmig, bis 5 cm lang und 3 cm breit, hellbraun, aufrecht

Boden: Bevorzugt nährstoffreiche, tiefgründige, frische bis feuchte Böden, sauer bis alkalisch, kalkvertragend, bei ausreichendem Wasserangebot gedeiht sie auch gut auf armen Sandböden

Standort: Sonnig, frei stehend

Verwendung: Solitär, in kleinen Gruppen, Blickfang für kleine und große Gärten, Parkanlagen, auf Rasenflächen, an Wegen, vor ruhigem Hintergrund und Fassaden, kontrastbildend mit dunklen Nadelgehölzen

Winterhärtezone: 5

Metasequoia glyptostroboides

Urweltmammutbaum, Chinesisches Rotholz

Taxodiaceae

Herkunft: Feuchtschattige Gebirgswälder in China: Hunan, Sichuan, Hubei (hier vor allem im Tal von Shui-sha-ba), in Höhen von 700–1350 m

Wuchs: Höhe: 10 / 35 m, Breite: 3 / 10 m; großer Baum, schmal- bis breit kegelförmige Krone, dicker, sich stark nach oben verjüngender Stamm, Äste ansteigend, Äste und Zweige gegenständig, jüngste Triebe fallen zusammen mit den Zapfen ab, Borke rötlich braun bis graubraun, längsgefurcht, in der Jugend starkwüchsig

Nadeln: Frischgrün, sommergrün, nadelförmig, bis 20 (–30) mm lang, 2–3 mm breit, gegenständig, weich, im Herbst gelb bis braun

Zapfen: Eiförmige bis kugelige Zapfen, bis 3 cm lang, gestielt, Schuppen fast gegenständig, in 10–15 Paaren, nur die mittleren Schuppen mit je 5–8 Samenanlagen

Boden: Bevorzugt tiefgründige, durchlässige, frische bis feuchte, nährstoffreiche, schwach saure bis schwach alkalische Böden, gedeiht aber auch auf mäßig trockenen Sandböden, verträgt Überflutung

Standort: Sonnig bis lichtschattig

Verwendung: Solitär, in Gruppen, für große Gärten, Parkanlagen oder große Innenhöfen, auf Rasenflächen

Besondere Hinweise: Alternative Sorte: *Metasquoia glyptostroboides* 'Gold Rush' mit goldgelber Belaubung, schwächer im Wuchs

Winterhärtezone: 6b

Microbiota decussata

Sibirischer Zwerglebensbaum

Cupressaceae

Herkunft: SO-Sibirien

Wuchs: Höhe: 0,25 / 0,4 m, Breite: 1 / 2,5 m; Zwergstrauch, niederliegend, feingliedrig fächerförmig verzweigt, Äste leicht bogig ansteigend, Triebspitzen mehr oder weniger übergeneigt, in mehreren Lagen übereinander

Nadeln: Im Austrieb frischgrün, später dunkelgrün, im Winter violettbraun bis bronzefarben, immergrün, schuppenförmig, teilweise auch nadelförmig, kreuzgegenständig

Zapfen: Kugelige Zapfen, bis 6 mm lang, 2–4 Schuppen mit je einem Samen, endständig an kurzen Trieben

Boden: Bevorzugt frische, durchlässige Substrate, sauer bis alkalisch, toleriert alle Gartenböden

Standort: Sonnig bis schattig

Verwendung: Solitär, in Gruppen, als Bodendecker, für Vor- und Hausgärten, Stein- und Heidegärten, Rabatten, an Wegen, Terrassen, Treppen und vor Mauern, auf Gräbern, in Pflanzgefäßen, trittfest

Winterhärtezone: 3

© HRM

Picea abies

Gemeine Fichte

Pinaceae

Herkunft: Nord-, Mittel- und Südost-Europa

Wuchs: Höhe: 10 / 50 m, Breite: 4 / 10 m; großer Baum mit regelmäßig kegelförmiger Krone und geradem, bis zur Spitze durchgehendem Stamm, Äste in gleichmäßigen Quirlen, waagerecht bis durchhängend, Rinde rötlich braun bis dunkel graubraun, schuppig

Nadeln: Dunkelgrün, immergrün, nadelförmig, 10–20 mm lang, 1 mm breit, linealisch, vierkantig, kammartig angeordnet, stechend

Zapfen: Länglich zylindrisch bis länglich eiförmig, rotbraun bis hell gelbbraun, 10–15 cm lang, 3–4 cm dick, hängend, im Ganzen abfallend, Ansatz ab 30. Lebensjahr

Boden: Tiefgründige, durchlässige, frische bis feuchte, mäßig nährstoffreiche, humose oder sandig-lehmige Böden, sauer bis schwach alkalisch, kalkvertragend, streusalzempfindlich

Standort: Sonnig bis halbschattig, liebt hohe Luftfeuchtigkeit und eher kühle Standorte, empfindlich gegenüber Hitze und Immissionen

Verwendung: Solitär, in Gruppen, für große Gärten und Parkanlagen, Waldbaum, Hecken, als Schnittgrün

Winterhärtezone: 2

© HRM

Picea abies 'Acrocona'

Zapfen-Fichte

Pinaceae

Herkunft: Cultivar/Sorte: vor 1890 in einem Wald bei Uppsala (Schweden) gefunden

Wuchs: Höhe: 1,5 / 5 m, Breite: 2 / 4 m; Strauch mit breit kegelförmiger, bizarrer Krone und unregelmäßig ansteigenden Ästen sowie bogig überhängenden Zweigen

Nadeln: Dunkelgrün, immergrün, nadelförmig, 10–20 mm lang, 1 mm breit, nadelartig, linealisch, vierkantig, stechend

Zapfen: Weibliche Blüten rot und sehr auffallend an den Spitzen der Triebe, Zapfen länglich zylindrisch bis länglich eiförmig, bis 20 cm lang, schon als junge Pflanze reichlich Zapfen ansetzend

Boden: Tiefgründige, durchlässige, frische bis feuchte, mäßig nährstoffreiche, humose oder sandig-lehmige Böden, sauer bis schwach alkalisch, kalkvertragend, streusalzempfindlich

Standort: Sonnig bis halbschattig, liebt hohe Luftfeuchtigkeit und eher kühle Standorte, empfindlich gegenüber Hitze und Immissionen

Verwendung: Solitär, in kleinen Gruppen, Blickfang für kleine und große Gärten sowie Parkanlagen, große Heidegärten, auf Rasenflächen, vor Fassaden

Besondere Hinweise: Zwergform: 'Pusch', eine breitwüchsige Zwergform der Zapfen-Fichte, die nur 60 cm hoch wird

Winterhärtezone: 4

Picea abies 'Inversa'

Hänge-Fichte

Pinaceae

Herkunft: Cultivar/Sorte: eine schon seit 1855 bekannte Form

Wuchs: Höhe: 1,5 / 8 m, Breite: 0,8 / 2 m; kleiner Baum mit schmal säulenförmigem Wuchs und senkrecht herabhängenden Zweigen, alle Äste und Zweige dicht anliegend, manche bis zum Boden; um Höhe zu gewinnen, muss der Leittrieb hochgebunden werden

Nadeln: Glänzend dunkelgrün, immergrün, nadelförmig, 10–20 mm lang, 1 mm breit, vierkantig, halb radial stehend, stechend

Boden: Tiefgründige, durchlässige, frische bis feuchte, mäßig nährstoffreiche, humose oder sandig-lehmige Böden, sauer bis schwach alkalisch, kalkvertragend, streusalzempfindlich

Standort: Sonnig bis halbschattig, liebt hohe Luftfeuchtigkeit und eher kühle Standorte, empfindlich gegenüber Hitze und Immissionen

Verwendung: Solitär, in lockeren Gruppen, für kleine und große Gärten und Parks, Gehölzrabatten, Vor- und Hausgärten, auf Rasenflächen, an Wegen, Gewässern, Brunnen und Quellen

Winterhärtezone: 4

Picea abies 'Little Gem'

Zwerg-Nest-Fichte

Pinaceae

Herkunft: Cultivar/Sorte: vor 1960 von F. J. Grootendorst & Zoon als Hexenbesen an *P. a.* 'Nidiformis' gefunden

Wuchs: Höhe: 0,3 / 0,4 m, Breite: 0,5 / 1 m; Zwergstrauch, kissenförmig bis flach halbkugelig, mit einer nestartigen Vertiefung in der Mitte, daraus kurze, leicht ansteigende Zweige

Nadeln: Hellgrün, immergrün, nadelförmig, bis 5 mm lang und 0,6 mm breit, dünn und sehr dicht stehend am gesamten Trieb

Boden: Tiefgründige, durchlässige, frische bis feuchte, mäßig nährstoffreiche, humose oder sandig-lehmige Böden, sauer bis schwach alkalisch, kalkvertragend, streusalzempfindlich

Standort: Sonnig bis halbschattig, liebt hohe Luftfeuchtigkeit und eher kühle Standorte

Verwendung: Solitär, in lockeren Gruppen, für Vor- und Hausgärten, Rabatten, Steingärten, Heidegärten, Dachgärten, zu Stauden und Gräsern, mit anderen kleinwüchsigen Nadelgehölzen für Kübel und Tröge

Besondere Hinweise: Alternative Sorte: *Picea abies* 'Nidiformis', stärker wachsend, bis 1 m hoch und 1,5 m breit

Winterhärtezone: 4

© HRM

Picea glauca 'Blue Wonder'[S] ®

Blaue Zuckerhut-Fichte

Pinaceae

Herkunft: Cultivar/Sorte: 1984 von Günther Kordes (D) als Mutation an *P. g.* 'Conica' gefunden

Wuchs: Höhe: 1 / 2 m, Breite: 0,4 / 1 m; spitzkegelförmig wachsender Strauch, kompakt und geschlossen

Nadeln: Stahlblau bis blaugrün, im Austrieb heller, immergrün, nadelförmig, ca. 10 mm lang, dicht stehend, weich

Boden: Durchlässige, frische bis feuchte, mäßig nährstoffreiche bis nährstoffarme, saure bis alkalische Böden

Standort: Sonnig bis absonnig, liebt hohe Luftfeuchtigkeit

Verwendung: Solitär, in kleinen Gruppen, für Vor- und Hausgärten, Parkanlagen, Rabatten, Steingärten, Heidegärten, zu Stauden und Gräsern, auf Gräbern, zum Setzen architektonischer Akzente, mobiles Grün

Besondere Hinweise: Ähnliche Sorten: *Picea glauca* 'Sander's Blue'; *Picea glauca* ALBERTA BLUE

Winterhärtezone: 4

© HRM

© HRM

Picea glauca 'Conica' (syn.: *Picea glauca* 'Albertiana Conica')

Zuckerhut-Fichte

Pinaceae

Herkunft: Cultivar/Sorte: von A. Rehder und J. G. Jack in den Bergen von Alberta (Kanada) gefunden

Wuchs: Höhe: 1,5 / 3 m, Breite: 0,7 / 1,5 m; regelmäßig kegelförmig, zuckerhutförmig wachsender Strauch, dicht geschlossen, Zweige fein

Nadeln: Im Austrieb hellgrün, später bläulich grün, immergrün, nadelförmig, 10–15 mm lang, dicht stehend, spitz oder abgerundet, weich

Boden: Durchlässige, frische bis feuchte, mäßig nährstoffreiche bis nährstoffarme, saure bis alkalische Böden

Standort: Sonnig bis absonnig, liebt hohe Luftfeuchtigkeit, bei Trockenheit leicht Befall von Roter Spinne

Verwendung: Solitär, in kleinen Gruppen, für Vor- und Hausgärten, Parkanlagen, Rabatten, Steingärten, Heidegärten, zu Stauden und Gräsern, auf Gräbern, zum Setzen architektonischer Akzente, mobiles Grün

Winterhärtezone: 4

© HRM

Picea glauca Daisy's White (syn.: *Picea glauca* 'JW Daisy's White')

Zuckerhut-Fichte Daisy's White

Pinaceae

Herkunft: Cultivar/Sorte: vor 1994 von L. Jeurissen-Wijnen (Belgien) als Mutation an *P. g.* 'Conica' gefunden

Wuchs: Höhe: 1 / 2,5 m, Breite: 0,6 / 1,5 m; kompakt kegelförmig wachsender Strauch, dicht geschlossener Habitus

Nadeln: Graugrün, im Austrieb sehr auffällig cremegelb, immergrün, nadelförmig, ca. 10 mm lang, dicht stehend, weich

Boden: Durchlässige, frische bis feuchte, mäßig nährstoffreiche bis nährstoffarme, saure bis alkalische Böden

Standort: Sonnig bis absonnig, liebt hohe Luftfeuchtigkeit

Verwendung: Solitär, in kleinen Gruppen, für Vor- und Hausgärten, Parkanlagen, Rabatten, Steingärten, Heidegärten, zu Stauden und Gräsern, auf Gräbern, zum Setzen architektonischer Akzente, vor dunklen Hintergründen und Fassaden, mobiles Grün

Besondere Hinweise: Ähnliche Sorten: *Picea glauca* 'Biesenthaler Frühling', 'Rainbow's End'

Winterhärtezone: 4

Picea glauca 'Echiniformis'

Blaue Igel-Fichte

Pinaceae

Herkunft: Cultivar/Sorte: seit 1855 in Frankreich bekannt
Wuchs: Höhe: 0,25 / 0,5 m, Breite: 0,4 / 1 m; Zwergstrauch, flachkugelig bis kissenförmig, leicht unregelmäßig, kompakt, dicht verzweigt, Triebe kurz
Nadeln: Blaugrau bis blaugrün, silbrig bereift, immergrün, nadelförmig, 5–7 mm lang, radial stehend, hart, spitz
Boden: Durchlässige, frische bis feuchte, mäßig nährstoffreiche bis nährstoffarme, saure bis alkalische Böden
Standort: Sonnig bis absonnig, liebt hohe Luftfeuchtigkeit
Verwendung: Solitär, in kleinen Gruppen, für Vor- und Hausgärten, Rabatten, Steingärten, Heidegärten, zu Stauden und Gräsern, auf Gräbern, mobiles Grün
Winterhärtezone: 4

© Floramedia

Picea glauca 'Zuckerhut'

Zwerg-Zuckerhut-Fichte

Pinaceae

Herkunft: Cultivar/Sorte: vor 1987 von M. Lohse (D) als Mutation an *P. g.* 'Conica' gefunden
Wuchs: Höhe: 0,6 / 1,5 m, Breite: 0,3 / 0,7 m; Kompakt kegelförmig wachsender Strauch, dicht geschlossener Habitus
Nadeln: Im Austrieb hellgrün, danach dunkelgrün bis graugrün, immergrün, nadelförmig, 10–20 mm lang, dünn, radial angeordnet
Boden: Durchlässige, frische bis feuchte, mäßig nährstoffreiche bis nährstoffarme, saure bis alkalische Böden
Standort: Sonnig bis absonnig, liebt hohe Luftfeuchtigkeit
Verwendung: Solitär, in kleinen Gruppen, für Vor- und Hausgärten, Rabatten, Steingärten, Heidegärten, an Hauseingängen, zu Stauden und Gräsern, auf Gräbern, mobiles Grün
Besondere Hinweise: Alternative Sorte: *Picea glauca* 'Laurin'
Winterhärtezone: 4

© Floramedia

© HRM

Picea omorika

Serbische Fichte

Pinaceae

Herkunft: West-Serbien, Ost-Bosnien, Montenegro, Viogora-Berge, in Höhen zwischen 900 und 1700 m

Wuchs: Höhe: 6–8 / 20–30 m, Breite: 2 / 5 m; Eleganter Baum mit schmal kegelförmiger bis säulenförmiger, gleichmäßiger Krone, Stamm gerade bis zur Spitze durchgehend, Äste sichelförmig aufwärtsgerichtet, ältere Äste durchhängend

Nadeln: Dunkelgrün glänzend, unterseits auffällig weiß gestreift, immergrün, nadelförmig, 10–20 mm lang, bis 2 mm breit, leicht gebogen, stumpf, dicklich

Zapfen: Länglich eiförmig, anfangs violett-purpurn, später glänzend zimtbraun, bis 6 cm lang, zahlreich

Boden: Gut durchlässige (schon kurzzeitige Staunässe führt zu Schäden), tiefgründige, mäßig trockene bis frische, schwach saure bis alkalische, gut mit Magnesium versorgte Böden, kalkvertragend, ungünstig sind reine Lehm- oder Tonböden sowie stark saure Humusböden

Standort: Sonnig, liebt hohe Luftfeuchtigkeit, immissionsverträglich

Verwendung: Solitär, in Gruppen, Hecken, Windschutz, Gärten, Parkanlagen, auf Rasenflächen, Weihnachtsbaum, Schnittgrün

Winterhärtezone: 5

© Floramedia

Picea omorika 'Nana'

Serbische Fichte 'Nana'

Pinaceae

Herkunft: Cultivar/Sorte: ca. 1930 in Boskoop (NL) ausgelesen

Wuchs: Höhe: 0,8 / 6 m, Breite: 0,6 / 4 m; kleiner, gleichmäßig breit kegelförmig wachsender Baum, dicht geschlossen

Nadeln: Dunkelgrün, unterseits silbrig blaue Spaltöffnungslinien, immergrün, nadelförmig, bis 15 mm lang, fast radial stehend

Zapfen: Länglich eiförmig, anfangs violett-purpurn, später glänzend zimtbraun, bis 6 cm lang, zahlreich

Boden: Gut durchlässige (schon kurzzeitige Staunässe führt zu Schäden), tiefgründige, mäßig trockene bis frische, schwach saure bis alkalische, gut mit Magnesium versorgte Böden, kalkvertragend, ungünstig sind reine Lehm- oder Tonböden sowie stark saure Humusböden

Standort: Sonnig, liebt hohe Luftfeuchtigkeit, immissionsverträglich

Verwendung: Solitär, in Gruppen, für Vor- und Hausgärten, Parkanlagen, auf Rasenflächen, große Steingärten, große Pflanzgefäße

Winterhärtezone: 5

Picea orientalis

Kaukasische Fichte, Orient-Fichte

Pinaceae

Herkunft: Nördliches Kleinasien, Kaukasus, NO-Türkei, in Höhen von 600–2400 m

Wuchs: Höhe: 3 / 25 m, Breite: 1,5 / 8 m; großer Baum mit regelmäßiger, schmal kegelförmiger Krone, Äste in gleichmäßigen Quirlen, im Freistand reichen die Äste bis zum Boden, Borke dünn, schuppig, dunkelbraun, in der Jugend langsam wachsend

Nadeln: Auffallend dunkelgrün, stark glänzend, immergrün, nadelförmig, nur 6–8 mm lang, es sind die kürzesten der Gattung

Zapfen: Zylindrisch eiförmig, jung violett, reif braun, 5–8 cm lang, 2–3 cm dick

Boden: Bodentolerant, liebt frische bis feuchte, nährstoffreiche, saure bis alkalische Böden

Standort: Sonnig bis halbschattig, in der Jugend auch schattig

Verwendung: Solitär, in Gruppen, für große Gärten, Parkanlagen, auf Rasenflächen, als Sichtschutz

Winterhärtezone: 5

© HRM

Picea orientalis 'Aurea'

Orientalische Gold-Fichte

Pinaceae

Herkunft: Cultivar/Sorte: vor 1873 von P. Smith (D) ausgelesen

Wuchs: Höhe: 2–3 / 8–15 m, Breite: 1,2–1,5 / 5 m; kleiner bis mittelhoher Baum mit breit kegelförmiger Krone, Äste locker angeordnet, in unregelmäßigen Quirlen, anfangs schräg aufrecht, später waagerecht abstehend

Nadeln: Im Austrieb intensiv schwefelgelb bis cremegelb, im Sommer vergrünend, manchmal gelblichen Schimmer behaltend, immergrün, nadelförmig, 6–8 mm lang

Zapfen: Zylindrisch eiförmig, jung violett, reif braun, 5–8 cm lang, 2–3 cm dick

Boden: Bodentolerant, liebt frische bis feuchte, nährstoffreiche, saure bis alkalische Böden

Standort: Sonnig bis halbschattig, in der Jugend auch schattig

Verwendung: Solitär für besondere Plätze, in Gruppen, für Vor- und Hausgärten, Parkanlagen, auf Rasenflächen, kontrastbildend zu dunkellaubigen Gehölzen und vor dunklen Hintergründen

Besondere Hinweise: Alternative Sorte: 'Skylands', behält ganzjährig ein gelbes Nadelkleid

Winterhärtezone: 5

© Floramedia

© HRM

Picea pungens

Stech-Fichte

Pinaceae

Herkunft: Westliches Nord-Amerika, Rocky Mountains, Gebirgslagen, in Höhen von 1800–3300 m

Wuchs: Höhe: 5 / 20 m, Breite: 2 / 6 m; mittelgroßer Baum mit breit kegelförmiger, leicht unregelmäßiger Krone, Äste kräftig, quirlständig, waagerecht abstehend, freistehend bis zum Boden beastet, Schuppenborke graubraun, tief gefurcht

Nadeln: Graugrün bis blaugrün, immergrün, nadelförmig, 18–30 mm lang, 1,5 mm breit, vierkantig, dick, starr, stechend

Zapfen: Länglich zylindrisch bis länglich eiförmig, hellbraun, 6–10 cm lang

Boden: Anspruchslos, liebt tiefgründige, durchlässige, mäßig trockene bis frische, sandige, kiesige, saure bis alkalische Böden, bodentolerant

Standort: Sonnig, auch Hitze und niedrige Luftfeuchtigkeit vertragend

Verwendung: Solitär, in Gruppen, für größere Gärten, Parkanlagen, auf Rasenflächen, als Wind- und Sichtschutz, Weihnachtsbaumkulturen, Schnittgrün

Winterhärtezone: 4

© Floramedia

Picea pungens f. glauca

Blaue Stech-Fichte

Pinaceae

Herkunft: Cultivar/Sorte: Gruppe aller wild oder in Aussaat vorkommenden Pflanzen mit blauen bis graublauen Nadeln, nicht einheitlich in der Färbung

Wuchs: Höhe: 5 / 20 m, Breite: 2 / 6 m; mittelgroßer Baum mit breit kegelförmiger, leicht unregelmäßiger Krone, Äste kräftig, quirlständig, waagerecht abstehend, freistehend bis zum Boden beastet, Schuppenborke graubraun, tief gefurcht

Nadeln: Graublau bis stahlblau, immergrün, nadelförmig, 18–30 mm lang, 1,5 mm breit, vierkantig, dick, starr, stechend

Zapfen: Länglich zylindrisch bis länglich eiförmig, hellbraun, 6–10 cm lang

Boden: Anspruchlos, liebt tiefgründige, durchlässige, mäßig trockene bis frische, sandige, kiesige, saure bis alkalische Böden, bodentolerant

Standort: Sonnig, auch Hitze und niedrige Luftfeuchtigkeit vertragend

Verwendung: Solitär, in Gruppen, für größere Gärten, Parkanlagen, auf Rasenflächen, als Wind- und Sichtschutz, Weihnachtsbaumkulturen, Schnittgrün

Winterhärtezone: 4

Picea pungens 'Glauca Globosa'

Stech-Fichte 'Glauca Globosa'

Pinaceae

Herkunft: Cultivar/Sorte: 1937 von Anth. Kluys (NL) ausgelesen

Wuchs: Höhe: 0,6 / 2 m, Breite: 0,8 / 2,5 m; Zwergform, anfangs locker und unregelmäßig breitwüchsig, bald flach kugelig und dicht, manchmal sich breit kegelförmig erhebend, ohne Leittrieb

Nadeln: Silbrig blau, immergrün, nadelförmig, 18–20 mm lang, 1,5 mm breit, vierkantig, dick, starr, dicht stehend, stechend

Boden: Anspruchslos, liebt tiefgründige, durchlässige, mäßig trockene bis frische, sandige, kiesige, saure bis alkalische Böden, bodentolerant

Standort: Sonnig, auch Hitze und niedrige Luftfeuchtigkeit vertragend

Verwendung: Solitär, lockere Gruppen, für Vor- und Hausgärten, Steingärten, Heidegärten, gemischte Rabatten, Dachgärten, mobiles Grün, zu Rosen und Gräsern, an Wasserflächen

Winterhärtezone: 4

Picea pungens 'Hoopsii'

Blau-Fichte 'Hoopsii'

Pinaceae

Herkunft: Cultivar/Sorte: vor 1958 in der Baumschule Hoops (USA) ausgelesen

Wuchs: Höhe: 4 / 15 m, Breite: 2 / 5 m; mittelgroßer Baum mit breit kegelförmiger, leicht unregelmäßiger Krone, Äste kräftig, quirlständig, waagerecht abstehend, freistehend bis zum Boden beastet, Spitzen leicht ansteigend

Nadeln: Hellsilbrig blau, immergrün, nadelförmig, 18–30 mm lang, 1,5 mm breit, vierkantig, steif, spitz

Zapfen: Länglich zylindrisch bis länglich eiförmig, hellbraun, 6–10 cm lang

Boden: Anspruchlos, liebt tiefgründige, durchlässige, mäßig trockene bis frische, sandige, kiesige, saure bis alkalische Böden, bodentolerant

Standort: Sonnig, auch Hitze und niedrige Luftfeuchtigkeit vertragend

Verwendung: Solitär, in Gruppen, für größere Gärten, Parkanlagen, auf Rasenflächen, als Wind- und Sichtschutz, Weihnachtsbaumkulturen, Schnittgrün

Besondere Hinweise: Alternative Sorten: *Picea pungens* 'Koster'

Winterhärtezone: 4

© HRM

Picea pungens 'Iseli Fastigiate'

Säulen-Blau-Fichte

Pinaceae

Herkunft: Cultivar/Sorte: ca. 1965 als Sämling in der Baumschule Iseli (USA) gefunden

Wuchs: Höhe: 2 / 8 m, Breite: 0,8 / 1,5 m; kleiner Baum mit sehr schlank kegelförmiger Krone, Äste steil schräg aufrecht, quirlständig

Nadeln: Hell stahlblau, immergrün, nadelförmig, 18–30 mm lang, 1,5 mm breit, vierkantig, steif, spitz

Boden: Anspruchslos, liebt tiefgründige, durchlässige, mäßig trockene bis frische, sandige, kiesige, saure bis alkalische Böden, bodentolerant

Standort: Sonnig, auch Hitze und niedrige Luftfeuchtigkeit vertragend

Verwendung: Solitär, in Gruppen, für Vor- und Hausgärten, große Stein- und Heidegärten, Rabatten, für enge Standräume

Winterhärtezone: 4

© HRM

Picea pungens 'Lucky Strike'
(syn.: *Picea abies* 'Lucky Strike')

Zapfen-Stech-Fichte

Pinaceae

Herkunft: Cultivar/Sorte: Sämling unbekannter Herkunft, 1983 eingeführt durch die Brüder van Vlieth (NL)

Wuchs: Höhe: 1,2 / 5 m, Breite: 0,8 / 3 m; kleiner, unregelmäßiger, locker-aufrechter Baum, Äste sehr unterschiedlich lang

Nadeln: Tief dunkelgrün, matt glänzend, immergrün, nadelförmig, 18–25 mm lang, steif, spitz

Zapfen: Schon als junge Pflanze reich blühend und Zapfen tragend, meist an den Triebspitzen, relativ groß, 10–15 cm lang, anfangs violettrot, später braun

Boden: Anspruchslos, liebt tiefgründige, durchlässige, mäßig trockene bis frische, sandige, kiesige, saure bis alkalische Böden, bodentolerant

Standort: Sonnig bis absonnig

Verwendung: Solitär, in kleinen Gruppen, Blickfang für kleine und große Gärten sowie Parkanlagen, große Heidegärten, auf Rasenflächen, vor Fassaden

Winterhärtezone: 4

Picea pungens 'Oldenburg'

Blau-Fichte 'Oldenburg'

Pinaceae

Herkunft: Cultivar/Sorte: 1955 als Sämling von der Baumschule Jeddeloh, Edewecht (D) gefunden

Wuchs: Höhe: 4 / 15–18 m, Breite: 2 / 6–7 m; mittelgroßer Baum mit sehr gleichmäßiger, breit kegelförmiger Krone, Leittrieb schon bei jungen Pflanzen auffallend gerade durchgehend, Äste kräftig, quirlständig, waagerecht abstehend, Spitzen leicht ansteigend

Nadeln: Stahlblau, immergrün, nadelförmig, 18–30 mm lang, 1,5 mm breit, vierkantig, sehr kräftig, betont abstehend, stechend

Zapfen: Länglich zylindrisch bis länglich eiförmig, hellbraun, 6–10 cm lang

Boden: Anspruchslos, liebt tiefgründige, durchlässige, mäßig trockene bis frische, sandige, kiesige, saure bis alkalische Böden, bodentolerant

Standort: Sonnig, auch Hitze und niedrige Luftfeuchtigkeit vertragend

Verwendung: Solitär, in Gruppen, für größere Gärten, Parkanlagen, auf Rasenflächen, als Wind- und Sichtschutz, Weihnachtsbaumkulturen, Schnittgrün

Winterhärtezone: 4

© HRM

Pinus cembra

Arve, Zirbel-Kiefer

Pinaceae

Herkunft: Alpen, Karpaten, bis zur Baumgrenze, in Höhen von 1300–2700 m, im nördlichen Russland und Sibirien

Wuchs: Höhe: 2,5 / 20 m, Breite: 1,3 / 5–8 m; mittelgroßer Baum, in der Jugend schmal pyramidale bis spitz eiförmige, dicht geschlossene, regelmäßige Krone, im Alter unregelmäßig breit säulenförmig, oft sehr malerisch, Seitenäste schräg aufrecht bis waagerecht, Rinde graubraun, rissig

Nadeln: Dunkelgrün, Innenseiten mit blau-weißen Stomabändern, immergrün, fünfnadelig, 5–8 (–12) cm lang, in dichten, pinselartigen Büscheln, steif aufrecht

Zapfen: Stumpf eiförmig, jung violett, reif zimtbraun, 6–8 cm lang, stets geschlossen, nach drei Jahren abfallend, Samen essbar (Zirbelnuss), erst nach 60 Jahren fruchtend

Boden: Durchlässige, mäßig trockene bis frische (feuchte), saure bis alkalische Böden, auch ärmere, trockene Böden möglich, pH-Wert-tolerant, kalkvertragend

Standort: Sonnig, freistehend, liebt kühle, luftfeuchte Lagen, auch für stark windexponierte Lagen

Verwendung: Solitär, in Gruppen, für Gärten, Parkanlagen, als Hausbaum

Winterhärtezone: 4

© HRM

© HRM

Pinus contorta

Dreh-Kiefer

Pinaceae

Herkunft: Nordwest-Nordamerika, Sierra Nevada, nördl. Rocky Mountains, S-Alaska, in Höhen von 1800–3600 m

Wuchs: Höhe: 4 / 20 m, Breite: 1,5–2 / 6–8 m; kleiner bis mittelgroßer Baum, Stamm im Bestand durchgehend, sonst zu Gabelung neigend, sehr unterschiedlich im Wuchsbild, breit bis schmal kegelförmig, junge Äste aufstrebend, ältere Äste flach ausgebreitet bis durchhängend, Schuppenborke, braun, dünn, tiefgefurcht

Nadeln: Dunkelgrün bis gelbgrün, immergrün, zweinadelig, gedreht, 30–50 mm lang, locker stehend

Zapfen: Eiförmig, gebogen, hellbraun bis graubraun, 3–6 cm lang, lange geschlossen, bis zu zehn Jahre am Baum bleibend

Boden: Sehr anpassungsfähig, gedeiht sowohl auf nährstoffarmen, trockenen Sanden als auch auf feuchten, moorigen Böden, bevorzugt durchlässige, saure, mäßig nährstoffreiche Substrate

Standort: Sonnig, etwas schattenverträglich, auch in stark windexponierten Lagen

Verwendung: Solitär, in Gruppen, für große Gärten und Parkanlagen, gerne genutzt als Formgehölz (siehe Abb.)

Winterhärtezone: 5

© HRM

Pinus densiflora 'Alice Verkade'

Japanische Rot-Kiefer 'Alice Verkade'

Pinaceae

Herkunft: Cultivar/Sorte: vor 1979 in der Baumschule Verkade (USA) ausgelesen

Wuchs: Höhe: 0,8 / 1,5 m, Breite: 1 / 2,5 m; strauchförmige Zwergform, mehrstämmig, kugelig bis abgeflacht kugelig, dicht verzweigt

Nadeln: Auffällig hellgrün, immergrün, zweinadelig, 6–10 cm lang, radial angeordnet, an den Triebenden pinselartig gehäuft, dünn, flexibel, fein zugespitzt

Zapfen: Ei- bis kegelförmig, 3–5 cm lang, hellbraun

Boden: Anpassungsfähig, bevorzugt frische, sandig-kiesige oder humoslehmige, durchlässige Böden, sauer bis alkalisch, kalkvertragend

Standort: Sonnig, lichthungrig, im Schatten wenig robust und verkahlend

Verwendung: Solitär, in lockeren Gruppen, für Vor- und Hausgärten, Steingärten, Heidegärten, Dachgärten, mobiles Grün, zu Rosen und Gräsern

Besondere Hinweise: Alternative Sorte: *Pinus densiflora* 'Umbraculifera', etwas lockerer und stärker wachsend

Winterhärtezone: 6b

Pinus heldreichii
(syn.: Pinus leucodermis, Pinus heldreichii var. leucodermis)

Schlangenhaut-Kiefer, Panzer-Kiefer

Pinaceae

Herkunft: Südost-Europa, Gebirge auf der Balkan-Halbinsel, Bosnien-Herzegowina, Montenegro, Nord-Griechenland, Bulgarien, Süd-Italien, in Höhen von 800–2500 m

Wuchs: Höhe: 2–4 / 15 (–20) m, Breite: 1,5 / 8 m; Mittelgroßer Baum mit anfangs gleichmäßiger, schmal bis breit kegelförmiger Krone, im Alter unregemäßig rundlich, Äste bogig aufstrebend, Rinde grauweiß, schlangenhautartig, schuppig

Nadeln: Glänzend dunkelgrün, immergrün, zweinadelig, 6–10 cm lang, radial um den Zweig angeordnet, zum Zweig hin leicht gekrümmt, an den Triebenden pinselförmig oder bürstenartig gehäuft

Zapfen: Länglich eiförmig, jung schwarzblau bis dunkelblaugrau, später stumpfbraun, bis 8 cm lang und 2,5 cm breit, kurz gestielt

Boden: Sehr standorttolerant, gedeiht sowohl auf armen Trockenstandorten als auch auf frischen, nährstoffreichen Böden, schwach sauer bis stark alkalisch, kalkvertragend, verträgt keine Staunässe

Standort: Sonnig, frei, wind- und hitzeverträglich

Verwendung: Solitär, in Gruppen, für große Gärten, Parkanlagen, große Heidegärten, auf Rasenflächen, Dachgärten

Winterhärtezone: 6a

© HRM

Pinus heldreichii 'Compact Gem'
(syn.: Pinus leucodermis 'Compact Gem')

Schlangenhaut-Kiefer 'Compact Gem'

Pinaceae

Herkunft: Cultivar/Sorte: seit 1964 in GB bekannt

Wuchs: Höhe: 1 / 3,5 m, Breite: 0,8 / 2 m; breit pyramidale, langsam wachsende Gartenform, Äste kräftig und dicht verzweigt, in der Jugend sehr langsam wüchsig

Nadeln: Glänzend dunkelgrün, etwas heller als die Art, immergrün, zweinadelig, 5–8 cm lang, radial um den Zweig angeordnet, leicht anliegend, zum Zweig hin leicht gekrümmt, steif

Boden: Sehr standorttolerant, gedeiht sowohl auf armen Trockenstandorten als auch auf frischen, nährstoffreichen Böden, schwach sauer bis stark alkalisch, kalkvertragend, verträgt keine Staunässe

Standort: Sonnig, frei, wind- und hitzeverträglich

Verwendung: Solitär, in Gruppen, für Gärten, Parkanlagen, große Heidegärten, Rabatten, Dachgärten, große Pflanzgefäße

Winterhärtezone: 6a

© HRM

© HRM

Pinus mugo

Berg-Kiefer, Latsche

Pinaceae

Herkunft: Mittel- und Süd-Europa, Hoch- und Mittelgebirge bis 2500 m
Wuchs: Höhe: 2 / 6 (–8) m, Breite: 2,5 / 6 m; Strauch, stammbildend, jedoch fast immer mehrstämmig, Basis stark gekrümmt, manchmal niederliegend mit knieförmig gebogenen, senkrecht aufrecht strebenden Stämmen
Nadeln: Dunkelgrün, immergrün, zweinadelig, 3–8 cm lang, starr, oft sichelförmig gebogen oder leicht gedreht, dicht stehend, steif, 5–8 Jahre haftend
Zapfen: Breit ei- bis kegelförmig, gelbbraun bis dunkelbraun, 2–6 cm lang und 1,5–4 cm breit
Boden: Sehr standorttolerant, alle humosen oder mineralischen Böden, feucht bis mäßig trocken, stark sauer bis schwach alkalisch, kalkvertragend, auch nährstoffarme, sandige, felsige oder moorige Böden
Standort: Sonnig bis absonnig
Verwendung: Solitär, in lockeren Gruppen, für Hecken, Gärten, Parkanlagen, große Heide- und Steingärten, an Abhängen, Treppen, Wegen, zur Dünenbefestigung, zu Rhododendron, für Pflanzgefäße
Winterhärtezone: 4

© HRM

Pinus mugo 'Benjamin'

Zwerg-Berg-Kiefer 'Benjamin'

Pinaceae

Herkunft: Cultivar/Sorte: vor 1980 als Hexenbesen von W. Nagel (D) gefunden
Wuchs: Höhe: 0,3 / 0,7 m , Breite: 0,5 / 1 m; kugeliger bis flachkugeliger Zwergstrauch, vieltriebig und dicht kompakt, sehr langsam wachsend
Nadeln: Im Austrieb hellgrüne, später dunkelgrüne, relativ kurze Nadeln, immergrün, zweinadelig, 3–4 cm lang, leicht sichelförmig, sehr dicht stehend, steif, nicht stechend
Boden: Sehr standorttolerant, alle humosen oder mineralischen Böden, feucht bis mäßig trocken, stark sauer bis schwach alkalisch, kalkvertragend, auch nährstoffarme, sandige, felsige oder moorige Böden
Standort: Sonnig bis absonnig
Verwendung: Solitär, in lockeren Gruppen, für kleine Gärten, Stein- und Heidegärten, Rabatten, Dachgärten, Gräber, zusammen mit anderen Zwerggehölzen für Kübel und Tröge
Winterhärtezone: 4

Pinus mugo 'Carstens Wintergold'
(syn.: *Pinus mugo* 'Carsten')

Wintergelbe Krummholz-Kiefer

Pinaceae

Herkunft: Cultivar/Sorte: gefunden von E. Carsten, Varel (D), eingeführt 1988 von H. Hachmann (D)

Wuchs: Höhe: 0,5 / 1,5 (–2) m, Breite: 0,8 / 2 (–5) m; Zwergstrauch, breit aufrecht, anfangs lockerwüchsig, später kompakt und dichtbuschig, flachkugelig

Nadeln: Im Sommer hell- bis mittelgrün, färbt sich im Winter hellgelb bis tief goldgelb, immergrün, zweinadelig, 3–5 cm lang, Nadeln in einem Kranz um die Endknospe nur 5–15 mm lang, Knospen hell graubraun, stark harzig

Boden: Sehr standorttolerant, alle humosen oder mineralischen Böden, feucht bis mäßig trocken, stark sauer bis schwach alkalisch, kalkvertragend, auch nährstoffarme, sandige, felsige oder moorige Böden

Standort: Sonnig bis absonnig

Verwendung: Solitär, in lockeren Gruppen, für Stein- und Heidegärten, Rabatten, Dachgärten, Gräber, mobiles Grün, auffälliger Blickfang im winterlichen Garten

Winterhärtezone: 4

© HRM

Pinus mugo 'Gnom'

Gnomen-Kiefer

Pinaceae

Herkunft: Cultivar/Sorte: von H. den Ouden (NL) ausgelesen und 1927 eingeführt

Wuchs: Höhe: 1,2 / 3 m, Breite: 0,8 / 1,5 m; kompakter Strauch, breit pyramidal, oft mit deutlichem Leittrieb, insgesamt sehr vieltriebig, Äste dicht stehend

Nadeln: Dunkelgrün, immergrün, zweinadelig, 3–8 cm lang, 1–3 mm breit, sehr dicht radial stehend, steif, nicht stechend

Boden: Sehr standorttolerant, alle humosen oder mineralischen Böden, feucht bis mäßig trocken, stark sauer bis schwach alkalisch, kalkvertragend, auch nährstoffarme, sandige, felsige oder moorige Böden

Standort: Sonnig bis absonnig

Verwendung: Solitär, in lockeren Gruppen, für große Stein- und Heidegärten, Rabatten, Dachgärten, mobiles Grün

Winterhärtezone: 4

© HRM

© HRM

Pinus mugo 'Mini Mops'

Zwerg-Berg-Kiefer 'Mini Mops'

Pinaceae

Herkunft: Cultivar/Sorte: als Hexenbesen an *P. m.* 'Mops' gefunden und 1988 durch die Baumschule Bruns, Bad Zwischenahn (D), eingeführt
Wuchs: Höhe: 0,4 / 0,7 m, Breite: 0,6 / 1 m; regelmäßig halbkugeliger, polsterförmiger Zwergstrauch, dicht gedrungen, sehr langsam wachsend
Nadeln: Dunkelgrün bis graugrün, immergrün, zweinadelig, recht kurz, 2–3 cm lang, kräftig, sehr dicht stehend, steif, nicht stechend
Boden: Sehr standorttolerant, alle humosen oder mineralischen Böden, feucht bis mäßig trocken, stark sauer bis schwach alkalisch, kalkvertragend, auch nährstoffarme, sandige, felsige oder moorige Böden
Standort: Sonnig bis absonnig
Verwendung: Solitär, in lockeren Gruppen, für kleine Gärten, Stein- und Heidegärten, Rabatten, Dachgärten, Gräber, zusammen mit anderen Zwerggehölzen für Kübel und Tröge
Winterhärtezone: 4

© HRM

Pinus mugo 'Mops'

Zwerg-Berg-Kiefer 'Mops'

Pinaceae

Herkunft: Cultivar/Sorte: von H. Hooftman (NL) 1951 eingeführt
Wuchs: Höhe: 0,7 / 1,5 m, Breite: 0,7 / 2 m; Kleinstrauch, breit halbkugelig, später abgeflacht kugelig, kompakt, sehr dicht verzweigt, in der Jugend sehr langsam wachsend
Nadeln: Dunkelgrün, im Winter graugrün, immergrün, zweinadelig, 3–5 cm lang, 1,5 mm breit, dicht radial stehend, steif, nicht stechend
Boden: Sehr standorttolerant, alle humosen oder mineralischen Böden, feucht bis mäßig trocken, stark sauer bis schwach alkalisch, kalkvertragend, auch nährstoffarme, sandige, felsige oder moorige Böden
Standort: Sonnig bis absonnig
Verwendung: Solitär, in lockeren Gruppen, frei wachsenden Hecken, für Vor- und Hausgärten, Stein- und Heidegärten, Rabatten, an Terrassen, Böschungen, für Gräber, Dachgärten, mobiles Grün
Winterhärtezone: 4

Pinus mugo ssp. mugo

Krummholz-Kiefer

Pinaceae

Herkunft: Mittel- und Süd-Europa, Hoch- und Mittelgebirge bis 2500 m, oberhalb der Waldgrenze im Krummholzgürtel mit Alpenrosen vergesellschaftet
Wuchs: Höhe: 0,8 / 2,5 m, Breite: 1 / 3–4 m; Strauch mit niederliegenden Stämmen und knieförmig gebogenen, aufsteigenden Ästen, insgesamt breitbuschig
Nadeln: Dunkelgrün, immergrün, zweinadelig, 3–4 cm lang, starr, oft sichelförmig gebogen oder leicht gedreht, dicht stehend, steif, 5–8 Jahre haftend
Zapfen: Breit ei- bis kegelförmig, gelbbraun bis dunkelbraun, 2–6 cm lang und 1,5–4 cm breit
Boden: Sehr standorttolerant, alle humosen oder mineralischen Böden, feucht bis mäßig trocken, stark sauer bis schwach alkalisch, kalkvertragend, auch nährstoffarme, sandige, felsige oder moorige Böden
Standort: Sonnig bis absonnig
Verwendung: Solitär, in lockeren Gruppen, Hecken, für Vor- und Hausgärten, öffentliches Grün, große Stein- und Heidegärten, Rabatten, an Terrassen, Böschungen, zur Dünenbefestigung, für Dachgärten, mobiles Grün, als Formgehölz
Winterhärtezone: 4

Pinus mugo var. pumilio

Zwerg-Krummholz-Kiefer

Pinaceae

Herkunft: Mittel- und Süd-Europa, Hoch- und Mittelgebirge bis 2500 m, oberhalb der Waldgrenze im Krummholzgürtel mit Alpenrosen vergesellschaftet
Wuchs: Höhe: 0,5 / 1 (–1,5) m, Breite: 1 / 3 m; Kleinstrauch, ausgeprägt flachkugelig bis kissenförmig, im Alter weit ausgebreitet, Äste niederliegend, sehr dicht gestellt, mit kurzen, aufsteigenden Zweigen
Nadeln: Dunkelgrün, immergrün, zweinadelig, 2–4 cm lang, radial und sehr dicht stehend, steif
Zapfen: Breit ei- bis kegelförmig, gelbbraun bis dunkelbraun, 2–4 cm lang
Boden: Sehr standorttolerant, alle humosen oder mineralischen Böden, feucht bis mäßig trocken, stark sauer bis schwach alkalisch, kalkvertragend, auch nährstoffarme, sandige, felsige oder moorige Böden
Standort: Sonnig bis absonnig
Verwendung: Solitär, in lockeren Gruppen, niedrigen Hecken, für Vor- und Hausgärten, öffentliches Grün, Stein- und Heidegärten, Rabatten, an Terrassen, Böschungen, zur Dünenbefestigung, für Dachgärten, mobiles Grün
Winterhärtezone: 4

© HRM

Pinus mugo 'Varella'

Zwerg-Berg-Kiefer 'Varella'

Pinaceae

Herkunft: Cultivar/Sorte: 1985 als Sämling von E. Carsten, Varel (D), gefunden

Wuchs: Höhe: 0,5 / 1 m, Breite: 0,5 / 1 m; Kleinstrauch, nahezu kugelig, ziemlich dicht verzweigt

Nadeln: Dunkelgrün, immergrün, zweinadelig, an Frühjahrstrieben bis 12 cm lang, leicht gekrümmt, die der Johannistriebe nur ca. 3 cm lang

Boden: Sehr standorttolerant, alle humosen oder mineralischen Böden, feucht bis mäßig trocken, stark sauer bis schwach alkalisch, kalkvertragend, auch nährstoffarme, sandige, felsige oder moorige Böden

Standort: Sonnig bis absonnig

Verwendung: Solitär, in lockeren Gruppen, für Vor- und Hausgärten, Stein- und Heidegärten, Rabatten, Gräber, Dachgärten, mobiles Grün

Winterhärtezone: 4

© HRM

Pinus nigra 'Green Tower'

Säulen-Schwarz-Kiefer

Pinaceae

Herkunft: Cultivar/Sorte: vor 1999 als Sämling von M. Zimmer (D) gefunden

Wuchs: Höhe: 1,3 / 4 m, Breite: 0,5 / 1,5 m; ausgeprägt säulenförmiger, kleiner Baum, dicht verzweigt, langsamwüchsig

Nadeln: Dunkelgrün glänzend, immergrün, zweinadelig, 8–12 cm lang, steif, 4–8 Jahre haftend

Boden: Flach- bis tiefgründige, durchlässige, trockene bis frische, nährstoffarme, sandige bis tonige, saure bis alkalische, auch kalkfelsige Böden, sehr bodentolerant

Standort: Sonnig, stadtklimaverträglich

Verwendung: Solitär, in Gruppen, für Vor- und Hausgärten, große Stein- und Heidegärten, Rabatten, große Pflanzgefäße, zum Setzen architektonischer Akzente, für enge Standräume

Winterhärtezone: 5

Pinus nigra ssp. *nigra* (syn.: *Pinus nigra* var. *austriaca*)

Österreichische Schwarz-Kiefer

Pinaceae

Herkunft: Von Österreich über Süd-Europa bis nach Kleinasien, Balkan, Griechenland, Türkei, Spanien, in Höhen von 250–1800 m

Wuchs: Höhe: 4 / 20–30 m, Breite: 3 / 10 (–15) m; großer Baum, in der Jugend breit kegelförmig mit gleichmäßigen Astetagen, später schirmförmig und hochschäftig, Stamm gerade durchgehend

Nadeln: Dunkelgrün, immergrün, zweinadelig, 8–18 cm lang, 1 mm breit, steif und stechend, 4–8 Jahre haftend

Zapfen: Eiförmig, 4–8 cm lang, fast symmetrisch, anfangs grün, ausgereift im 2. Jahr, glänzend braun, ab 10. Standjahr

Boden: Flach- bis tiefgründige, durchlässige, trockene bis frische, nährstoffarme, sandige bis tonige, saure bis alkalische, auch kalkfelsige Böden, sehr bodentolerant

Standort: Sonnig, stadtklimaverträglich

Verwendung: Solitär, in lockeren Gruppen, für große Gärten und Parkanlagen, Forstgehölz

Winterhärtezone: 5

© HRM

Pinus nigra 'Pierrick Bregeon'® (syn.: *Pinus nigra* Brepo®)

Zwerg-Schwarz-Kiefer

Pinaceae

Herkunft: Cultivar/Sorte: von H. Bregéon (Schweiz) vor 1992 ausgelesen; es handelt sich um eine Hybride zwischen *Pinus densiflora* und *Pinus nigra*

Wuchs: Höhe: 0,5 / 1,2 m, Breite: 0,6 / 2 m; flachkugelig, kompakt, rundum geschlossen, Äste sehr dicht stehend, langsam wachsend

Nadeln: Im Austrieb hellgrün, später frischgrün, immergrün, zweinadelig, 5–7 cm lang, dicht stehend, fein, weicher als bei *Pinus nigra*

Boden: Flach- bis tiefgründige, durchlässige, trockene bis frische, nährstoffarme, sandige bis tonige, saure bis alkalische, auch kalkfelsige Böden, sehr bodentolerant

Standort: Sonnig, stadtklimaverträglich

Verwendung: Solitär, in lockeren Gruppen, für Vor- und Hausgärten, Stein- und Heidegärten, Rabatten, Gräber, Dachgärten, mobiles Grün

Winterhärtezone: 6a

© Floramedia

Pinus parviflora 'Glauca'

Blaue Mädchen-Kiefer

Pinaceae

Herkunft: Cultivar/Sorte: von Beissner 1909 in Japan gefunden

Wuchs: Höhe: 1,5 / 6–8 m, Breite: 1,3 / 5–7 m; kleiner, unregelmäßig verzweigter, vielgestaltiger Baum, in der Jugend kegelförmig, im Alter breiter, mit malerisch lockerer Krone, Äste flach ausgebreitet, die unteren leicht durchhängend, Borke schwarzgrau

Nadeln: Blaugrün, Innenseiten intensiv blau-weiß, immergrün, 5-nadelig, 5–6 cm lang, gedreht und gekrümmt, an den Zweigenden pinselartig gehäuft

Zapfen: Eiförmig bis leicht zylindrisch, 5–8 cm lang, graubraun, einzeln oder zu mehreren, sehr früh (bereits nach 10 Jahren) fruchtend, lange (6–7 Jahre) an den Ästen verbleibend

Boden: Mittel- bis tiefgründige, gut durchlässige, mäßig trockene bis frische, sandig-humose bis lehmige, saure bis alkalische Böden, ungünstig sind sehr trockene Böden

Standort: Sonnig, frei stehend

Verwendung: Solitär, in kleinen Gruppen, für Vor- und Hausgärten, Parkanlagen, öffentliches Grün, Japanische Gärten, große Heidegärten, Formgehölz, als Bonsai, mobiles Grün, guter Kontrast zu rotlaubigen Gehölzen

Winterhärtezone: 6b

Pinus parviflora 'Negishi' (syn.: *Pinus parviflora* 'Bonsai')

Mädchen-Kiefer 'Negishi'

Pinaceae

Herkunft: Cultivar/Sorte: 1976 aus Japan eingeführt

Wuchs: Höhe: 1,5 / 6 m, Breite: 1,3 / 5 m; kleiner, in der Jugend gleichmäßig breit kegelförmiger Baum, reich verzweigt, später unregelmäßiger und lockerer, strauch- bis baumförmig

Nadeln: Auffällig graublau, Innenseiten intensiv blau-weiß, immergrün, 5-nadelig, 4–5,5 cm lang, gedreht und gekrümmt, an den Zweigenden pinselartig gehäuft, 3–4 Jahre haftend

Zapfen: Eiförmig bis leicht zylindrisch, 5–8 cm lang, graubraun, einzeln oder zu mehreren, sehr früh (bereits nach 10 Jahren) fruchtend, lange (6–7 Jahre) an den Ästen verbleibend

Boden: Mittel- bis tiefgründige, gut durchlässige, mäßig trockene bis frische, sandig-humose bis lehmige, saure bis alkalische Böden, ungünstig sind sehr trockene Böden

Standort: Sonnig, frei stehend

Verwendung: Solitär, in kleinen Gruppen, für Vor- und Hausgärten, Parkanlagen, öffentliches Grün, Japanische Gärten, große Heidegärten, Formgehölz, als Bonsai, mobiles Grün, guter Kontrast zu rotlaubigen Gehölzen

Winterhärtezone: 6b

Pinus peuce

Mazedonische Kiefer, Rumelische Kiefer

Pinaceae

Herkunft: West-Bulgarien, Albanien, Serbien, Nord-Griechenland, in Höhen von 800–2200 m

Wuchs: Höhe: 3 / 15 (–20) m, Breite: 1,5 / 7 m; mittelhoher Baum mit schmal kegelförmiger Krone, Äste kurz, regelmäßig quirlig angeordnet, an den Spitzen bogig aufstrebend, frei stehend bis zum Boden beastet

Nadeln: Grün bis graugrün, immergrün, 5-nadelig, 7–10 cm lang, steif, spitz, aber nicht stechend, an den Triebenden pinselartig gehäuft

Zapfen: Länglich eiförmig bis zylindrisch, schmal, leicht gekrümmt, hellbraun, 8–15 cm lang, einzeln oder zu mehreren hängend, jung stark harzig

Boden: Für alle kultivierten Böden, nicht zu trocken, liebt durchlässige, mäßig trockene bis frische, mäßig nährstoffreiche, humose, saure bis schwach alkalische Böden

Standort: Sonnig, frei stehend

Verwendung: Solitär, in Gruppen, für Gärten, Parkanlagen, öffentliches Grün

Winterhärtezone: 5

© HRM

Pinus pumila 'Glauca'

Sibirische Zwerg-Kiefer, Blaue Kriech-Kiefer

Pinaceae

Herkunft: Cultivar/Sorte: 1943 eingeführt von H. F. Hooftmann (NL)

Wuchs: Höhe: 0,8 / 1,5 m, Breite: 1 / 3 m; breitbuschiger Strauch, unregelmäßig kugelförmig, anfangs locker verzweigt, im Alter dichtbuschig, Hauptäste niederliegend, bogig aufstrebende Seitenäste

Nadeln: Blaugrün bis silbrig graublau, immergrün, 5-nadelig, 4–7 cm lang, gekrümmt, an den Triebenden pinselartig gehäuft

Zapfen: Eiförmig, jung violett-purpurn, reif rötlich braun, 3,5–4,5 cm lang, männliche Blüte auffallend weinrot

Boden: Flach- bis tiefgründige, gut durchlässige, mäßig trockene bis frische, mäßig nährstoffreiche, saure bis schwach alkalische Böden

Standort: Sonnig bis lichter Schatten, luftfeuchte Lagen liebend

Verwendung: Solitär, in kleinen Gruppen, für Vor- und Hausgärten, Steingärten, Heidegärten, Dachgärten, gemischte Rabatten, an Terrassen, als mobiles Grün

Winterhärtezone: 4

© HRM

© HRM

Pinus x schwerinii 'Wiethorst'

Schwerins Kiefer 'Wiethorst'

Pinaceae

Herkunft: Cultivar/Sorte: 1987 von Johann Wieting (D) als Hexenbesen an *Pinus x schwerinii* gefunden; *Pinus x schwerinii* ist eine Hybride zwischen *P. wallichiana* und *P. strobus*

Wuchs: Höhe: 2 / 8 m, Breite: 1,5 / 4 m; aufrechter, regelmäßig kegelförmiger Baum mit meist durchgehendem Mitteltrieb und kurzen Internodien, sehr kompakt und deutlich kleiner als die Art

Nadeln: Hellgrün bis graugrün, silbrig weiße Unterseite, immergrün, 5-nadelig, 8–12 cm lang, dünn, weich

Zapfen: Länglich zylindrisch, 8–15 cm lang, gerade oder leicht gebogen, jung silbrig graugrün, später braun, harzig, meist zu mehreren beieinander, schon in jungen Jahren stark fruchtend

Boden: Liebt tiefgründige, gut durchlässige, mäßig trockene bis frische, nährstoffreiche, sandig-lehmige, stark saure bis neutrale Böden, kalkvertragend

Standort: Sonnig

Verwendung: Solitär, in Gruppen, für Gärten, Parkanlagen, öffentliches Grün

Winterhärtezone: 6b

© HRM

Pinus strobus

Weymouths-Kiefer, Strobe

Pinaceae

Herkunft: Östliches Nord-Amerika, von Kanada bis Süd-Mexiko, in Höhen von 600–1500 m

Wuchs: Höhe: 5–7 / 30 m, Breite: 2,5 / 10 m; großer Baum mit lockerer, schlanker, kegelförmiger Krone, Stamm bis zum Wipfel durchgehend, im Alter locker und breit malerisch, Äste waagerecht, in regelmäßigen Quirlen angeordnet

Nadeln: Blaugrün bis dunkelgrün, unterseits graugrün, immergrün, 5-nadelig, 5–12 cm lang, auffallend weich, dünn, nicht gedreht

Zapfen: Schmal zylindrisch, oft gebogen, bis 20 cm lang und 4 cm breit, zu 1–3 hängend, zuerst blaugrün, dann braun, nach 10–15 Jahren erstmalig fruchtend

Boden: Bodentolerant, bevorzugt tiefgründige, durchlässige, mäßig trockene bis frische, nährstoffreiche, sandig-lehmige, stark saure bis neutrale Böden, kalkverträglich, empfindlich gegenüber Staunässe und Streusalz

Standort: Sonnig, nicht zu heiße Lagen

Verwendung: Solitär, in Gruppen, für große Gärten und Parkanlagen, Waldbaum

Winterhärtezone: 5

Pinus strobus 'Macopin'

Weymouths-Kiefer 'Macopin'

Pinaceae

Herkunft: Cultivar/Sorte: als Hexenbesen von W. Gotelli (USA) gefunden
Wuchs: Höhe: 0,8 / 2,5 m, Breite: 0,8 / 2,5 m; unregelmäßig rundliche bis breit kegelförmige Strauchform, dicht verzweigt
Nadeln: Blaugrün, immergrün, 5-nadelig, 5–9 cm lang, weich, dünn
Zapfen: Schmal zylindrisch, oft gebogen, bis 15 cm lang und 4 cm breit, zu 1–3 hängend, zuerst blaugrün, dann braun, bereits als junge Pflanze fruchtend
Boden: Bodentolerant, liebt tiefgründige, durchlässige, mäßig trockene bis frische, nährstoffreiche, sandig-lehmige, stark saure bis neutrale Böden, kalkverträglich, empfindlich gegenüber Staunässe und Streusalz
Standort: Sonnig, nicht zu heiße Lagen
Verwendung: Solitär, in kleinen Gruppen, für Vor- und Hausgärten, öffentliches Grün, Parkanlagen, große Stein- und Heidegärten
Besondere Hinweise: Alternative Sorte: *Pinus strobus* 'Radiata', etwas kürzere Nadeln
Winterhärtezone: 5

Pinus strobus 'Minima'

Kugel-Weymouths-Kiefer

Pinaceae

Herkunft: Cultivar/Sorte: seit 1923 bekannt
Wuchs: Höhe: 0,5 / 1,2 m, Breite: 0,7 / 1,8 m; gleichmäßig abgeflacht, kugelförmig wachsende Strauchform, dicht und sehr gedrungen, dünne, dunkelbraune Zweige
Nadeln: Dunkelgrün bis blaugrün, immergrün, 5-nadelig, recht kurz, nur 3–5 cm lang, sehr dünn, weich
Boden: Bodentolerant, liebt tiefgründige, durchlässige, mäßig trockene bis frische, nährstoffreiche, sandig-lehmige, stark saure bis neutrale Böden, kalkverträglich, empfindlich gegenüber Staunässe und Streusalz
Standort: Sonnig, nicht zu heiße Lagen
Verwendung: Solitär, in lockeren Gruppen, für Vor- und Hausgärten, Stein- und Heidegärten, Rabatten, Gräber, Dachgärten, mobiles Grün
Winterhärtezone: 5

© HRM

Pinus sylvestris

Gemeine Kiefer, Föhre

Pinaceae

Herkunft: Europa, Nordasien, von Schottland bis zur Mongolei, von Finnland bis zum Mittelmeer, bis Persien, vom Tiefland bis in Höhen von 2600 m

Wuchs: Höhe: 4 / 25 m, Breite: 2,5 / 10 m; mittelgroßer bis großer Baum, in der Jugend locker kegelförmig, im Alter mit meist breit schirmförmiger Krone, Stamm im Einzelstand dick, knorrig und kurzschäftig, im Bestand hochschäftig und schlank, Borke anfangs fuchsrot, dann braunrot bis schwarzgrau

Nadeln: Blaugrün- oder graugrün, immergrün, zweinadelig, 3–7 cm lang, bis 2 mm breit, häufig leicht gedreht, spitz, steif, 2–4 Jahre haftend

Zapfen: Länglich eiförmig bis kegelförmig, anfangs grün, dann graubraun, 3–7 cm lang, kurzgestielt, zahlreich

Boden: Sehr anspruchslos, trockene bis feuchte, nährstoffarme, schwachhumose, sandige, kiesige, auch schottrige, saure bis alkalische Böden, wächst auch auf ärmsten Sandböden ebenso wie auf sauren Hochmoorstandorten

Standort: Sonnig

Verwendung: Solitär, in Gruppen, für große Gärten, Parkanlagen, Waldbaum, als schattenspendender Überbau für Rhododendron, als Formgehölz

Winterhärtezone: 2

© HRM

Pinus sylvestris 'Fastigiata'

Säulen-Kiefer

Pinaceae

Herkunft: Cultivar/Sorte: seit 1855 bekannt

Wuchs: Höhe: 3 / 10 m, Breite: 0,7 / 2 m; kleiner Baum mit straff säulenförmiger bis schmal kegel- bis eiförmiger Krone, geschlossen, Äste straff aufrecht, dicht anliegend

Nadeln: Blaugrün bis stahlblau, immergrün, zweinadelig, 4–6 cm lang, bis 2 mm breit, in sich leicht gedreht, spitz, steif

Zapfen: Länglich eiförmig bis kegelförmig, anfangs grün, dann graubraun, 3–7 cm lang, kurzgestielt, zahlreich

Boden: Sehr anspruchslos, trockene bis feuchte, nährstoffarme, schwachhumose, sandige, kiesige, auch schottrige, saure bis alkalische Böden, wächst auch auf ärmsten Sandböden ebenso wie auf sauren Hochmoorstandorten

Standort: Sonnig

Verwendung: Solitär, in Gruppen, für Vor- und Hausgärten, große Stein- und Heidegärten, Rabatten, große Pflanzgefäße, zum Setzen architektonischer Akzente, für enge Standräume

Winterhärtezone: 2

Pinus sylvestris 'Norske Typ'
(syn.: Pinus sylvestris 'Norska', *Pinus sylvestris* 'Typ Norwegen')

Gemeine Kiefer 'Typ Norwegen'

Pinaceae

Herkunft: Cultivar/Sorte: Skandinavische Selektion; Wildart: Europa, Nordasien, von Schottland bis zur Mongolei, von Finnland bis zum Mittelmeer, bis Persien, vom Tiefland bis in Höhen von 2600 m

Wuchs: Höhe: 3 / 12 m, Breite: 2 / 8 m; kleiner bis mittelgroßer Baum mit kompakter, breit kegelförmiger Krone, Äste unregelmäßig angeordnet, waagerecht abstehend, auffallend dicht gestellt und reich verzweigt

Nadeln: Blaugrau, immergrün, zweinadelig, etwas kürzer und fester als bei der Art, 4–6 cm lang, gedreht, spitz, steif

Zapfen: Länglich eiförmig bis kegelförmig, anfangs grün, dann graubraun, 3–7 cm lang, kurzgestielt, zahlreich

Boden: Sehr anspruchslos, trockene bis feuchte, nährstoffarme, schwachhumose, sandige, kiesige, auch schottrige, saure bis alkalische Böden, wächst auch auf ärmsten Sandböden ebenso wie auf sauren Hochmoorstandorten

Standort: Sonnig, besonders industrie- und stadtklimafest

Verwendung: Solitär, in Gruppen, für große Gärten, Parkanlagen, öffentliches Grün, große Heidegärten, gut als Formgehölz zu erziehen, mobiles Grün

Winterhärtezone: 2

Pinus sylvestris 'Watereri'

Strauch-Föhre

Pinaceae

Herkunft: Cultivar/Sorte: 1865 von A. Waterer (GB) gefunden

Wuchs: Höhe: 1 / 5 m, Breite: 1 / 5 m; anfangs breit kegelförmige, später unregelmäßig rundliche bis eiförmig Strauchform, dicht geschlossen, im Alter auch mit lockerer, malerisch schirmförmiger Krone, Äste und Zweige leicht aufstrebend

Nadeln: Blaugrau bis stahlblau, immergrün, zweinadelig, bis 6 cm lang, steif, gedreht, dicht stehend

Zapfen: Länglich eiförmig bis kegelförmig, anfangs grün, dann graubraun, 3–7 cm lang, kurzgestielt, zahlreich

Boden: Sehr anspruchslos, trockene bis feuchte, nährstoffarme, schwachhumose, sandige, kiesige, auch schottrige, saure bis alkalische Böden, wächst auch auf ärmsten Sandböden ebenso wie auf sauren Hochmoorstandorten

Standort: Sonnig, industrie- und stadtklimafest

Verwendung: Solitär, für Vor- und Hausgärten, Parkanlagen, japanische Gärten, große Stein- und Heidegärten, Dachgärten, große Pflanzgefäße, als Bonsai und Formgehölz

Winterhärtezone: 2

Pinus wallichiana

Tränen-Kiefer

Pinaceae

Herkunft: Himalaya, Afghanistan bis Tibet, Nepal, Bhutan, Südwest-China, in Höhen von 1400–4000 m

Wuchs: Höhe: 6 / 25 m, Breite: 3 / 10 m; großer Baum mit breit kegelförmiger, lockerer Krone, Äste breit ausladend, horizontal ausgebreitet, leicht bogig aufstrebende Triebenden, im Freistand bis unten beastet, Rinde dunkelaschgrau, rissig, plattig

Nadeln: Bläulich grün, mit bläulich weißen Spaltöffnungslinien, immergrün, 5-nadelig, 12–20 cm lang, dünn, weich, an jüngeren Trieben schlaff herabhängend

Zapfen: Länglich zylindrisch, bananenartig gekrümmt, jung violettgrün mit glänzenden Harztropfen (diese „Tränen“ gaben der Art ihren Namen), reif hellbraun, 15–25 cm lang, hängend, Ansatz ab 10. Lebensjahr

Boden: Alle kultivierten Böden, liebt mineralische, tiefgründige, gut durchlässige, mäßig trockene bis frische, nährstoffreiche, saure bis leicht alkalische Böden

Standort: Sonnig, frei, in der Jugend vor Wind und Wintersonne geschützt

Verwendung: Solitär, eine der schönsten Kiefern für große Gärten und Parkanlagen

Besondere Hinweise: Kompakte Form: *Pinus wallichiana* 'Densa Hill', eine sehr dicht verzweigte, gleichmäßig kegelförmig wachsende, bis 7 m hoch

Winterhärtezone: 6b

Podocarpus lawrencei 'Blue Gem'

***(syn.: Podocarpus alpinus* 'Blue Gem')**

Blaue Berg-Steineibe

Podocarpaceae

Herkunft: Cultivar/Sorte: vor 1983 in Tasmanien gefunden; Wildart: Australien, Neu-Südwales, Victoria, Tasmanien, im Bergland zwischen 1000 und 2000 m

Wuchs: Höhe: 0,6 / 1 m, Breite: 1 / 2 m; breitwüchsiger Strauch mit leicht ansteigenden Ästen, kurzen Zweigen und überhängenden Triebspitzen, dicht verzweigt

Nadeln: Blaugrün, im Austrieb teils cremefarben oder braunrot getönt, immergrün, nadelförmig, linealisch länglich, 6–12 mm lang, stumpf oder fein zugespitzt

Boden: Alle kultivierten Böden, liebt gut durchlässige, mäßig trockene bis frische, nährstoffreiche, saure bis neutrale Böden

Standort: Sonnig bis schattig, am besten in geschützen, luftfeuchten Lagen, ungeeignet für kalte, windige Standorte

Verwendung: Solitär, in Gruppen, Bodendecker, Vor- und Hausgärten, Rabatten, Stein- und Heidegärten, Grabbepflanzung, Kübel und Tröge

Besondere Hinweise: Alternative Sorte: *Podocarpus lawrencei* 'Red Tip', mit bläulich grüner Benadelung und purpur- bis braunrotem Austrieb

Winterhärtezone: 7b, eine der winterhärtesten Steineiben

Pseudotsuga menziesii var. *glauca*

Gebirgs-Douglasie, Douglasfichte

Pinaceae

© HRM

Herkunft: NW-Nordamerika, Rocky Mountains, in Höhen von 600–2600 m
Wuchs: Höhe: 5 / 30 m, Breite: 2,5 / 10 m; großer Baum mit schmal kegelförmiger, gleichmäßiger Krone, Stamm bis zur Spitze durchgehend, Äste waagerecht bis leicht aufstrebend, junge Rinde glatt, grau, Borke dunkelgrau, dick, zerfurcht
Nadeln: Blaugrün, beiderseits mit breiten Spaltöffnungslinien, immergrün, nadelförmig, 2–2,5 cm lang, 1–1,5 mm breit, flach, nicht immer deutlich gescheitelt, oft mehr oder weniger radial stehend, weich
Zapfen: Länglich eiförmig, rötlich braun, 5–8 cm lang, 2–3,5 cm dick, Deckschuppen dreizipflig, weit zwischen den Samenschuppen herausragend zahlreich, hängend, ab 25. Lebensjahr
Boden: Bevorzugt tiefgründige, gut durchlässige, mäßig trockene bis frische, humose, saure bis schwach alkalische Böden, meidet sehr trockene und staunasse Böden
Standort: Sonnig bis absonnig, in der Jugend auch schattig
Verwendung: Solitär, in Gruppen, Hecken, als Sichtschutz, für große Gärten und Parkanlagen, große Innenhöfe, Schnittgrün, Waldbaum
Besondere Hinweise: Alternative Form: *Pseudotsuga menziesii* var. *caesia*, schnellerwüchsige Varietät mit mattgraugrünen Nadeln
Winterhärtezone: 5, leidet gelegentlich unter Spätfrösten

Sciadopitys verticillata

Japanische Schirmtanne

Taxodiaceae

© HRM

Herkunft: Japan, Süd-Honshu, Kyushu, Shikoku, in Berg- und Schluchtwäldern zwischen 200 und 1700 m
Wuchs: Höhe: 2,5 / 15 m, Breite: 1–1,5 / 5 m; Baum, in der Jugend schlank kegelförmige Krone, später breit kegelförmig, Stamm gerade durchgehend, häufig in gleich starke, straff aufrecht stehende Äste gabelnd, Rinde zimtbraun, sich in Fetzen ablösend
Nadeln: Glänzend tiefgrün, immergrün, nadelförmig, ungewöhnliche „Doppelnadeln" (Verwachsung von je 2 Nadeln), bis 12 cm lang, lederartig, steif, in auffallend ausgebreiteten Quirlen, schirmspeichenartig angeordnet
Zapfen: Länglich eiförmig, jung olivgrün, reif graubraun, 7–12 cm lang, bis 5 cm breit, mit am Rand umgerollten Samenschuppen, an den Triebenden stehend, ab Oktober im 2. Jahr reifend
Boden: Anspruchsvoll, feuchte bis frische, sandig-humose, nahrhafte Lehm- oder Torfböden, gut durchlässig, stark saure bis neutrale Böden, kalkempfindlich
Standort: Absonnig, bei optimalen Bodenbedingungen auch sonnig, vor allem in der Jugend vor rauen Winden und Wintersonne schützen
Verwendung: Solitär, in lockeren Gruppen, für Vor- und Hausgärten, Parkanlagen, japanische Gärten, Innenhöfe
Winterhärtezone: 7a

© HRM

Sequoiadendron giganteum

Berg-Mammutbaum

Taxodiaceae

Herkunft: Westl. Nord-Amerika, an den westlichen Hängen der Sierra Nevada, in Höhen von 1500–2500 m

Wuchs: Höhe: 4–7 / 40 m, Breite: 2,5 / 10 m; sehr großer Baum mit zunächst gleichmäßig pyramidaler Krone, Stamm gerade bis zur Spitze durchgehend, Stammbasis auffällig verbreitert, Krone im Alter locker, mit kräftigen, durchhängenden Ästen, Borke hell rotbraun, schwammig-rissig

Nadeln: Graugrün bis dunkelgrün, immergrün, schuppen- bis pfriemförmig, 1–6 mm lang an Kurztrieben, bis 12 mm lang an Langtrieben, 0,8–1,2 mm breit, dicht anliegend, zugespitzt

Zapfen: Eirundlich, rotbraun, 5–8 cm lang und 4–4,5 cm breit, im 1. Jahr aufrecht, im 2. Jahr hängend

Boden: Alle kultivierten Böden, liebt tiefgründige, gut durchlässige, frische bis feuchte, nährstoffreiche, sandige bis lehmige, schwach saure bis alkalische Böden

Standort: Sonnig bis absonnig, freie, aber gegen kalte Winde geschützte Lage

Verwendung: Imposanter Solitärbaum, in lockeren Gruppen, für große Garten- und Parkanlagen

Winterhärtezone: 7a, in der Jugend in kühleren Regionen leichter Winterschutz empfehlenswert

© HRM

Sequoiadendron giganteum 'Glaucum'

Blauer Berg-Mammutbaum

Taxodiaceae

Herkunft: Cultivar/Sorte: seit 1860 bekannt

Wuchs: Höhe: 4–5 / 30 m, Breite: 1,5–2 / 8 m; großer Baum mit gleichmäßig pyramidaler Krone, Stamm gerade bis zur Spitze durchgehend, Stammbasis auffällig verbreitert, etwas schlanker als die Art, Krone im Alter locker, mit kräftigen, durchhängenden Ästen, Borke hell rotbraun, schwammig-rissig

Nadeln: Intensiv graublau, immergrün, schuppen- bis pfriemförmig, 1–6 mm lang an Kurztrieben, bis 12 mm lang an Langtrieben, dicht anliegend, zugespitzt

Zapfen: Eirundlich, rotbraun, 5–8 cm lang und 4–4,5 cm breit, im 1. Jahr aufrecht, im 2. Jahr hängend

Boden: Alle kultivierten Böden, liebt tiefgründige, gut durchlässige, frische bis feuchte, nährstoffreiche, sandige bis lehmige, schwach saure bis alkalische Böden

Standort: Sonnig bis absonnig, freie, aber gegen kalte Winde geschützte Lage

Verwendung: Imposanter Solitärbaum, in lockeren Gruppen, für große Garten- und Parkanlagen

Winterhärtezone: 7a, erwies sich bisher als sehr gut winterhart

Taxodium distichum

Sumpfzypresse

Taxodiaceae

Herkunft: Südost-Amerika, Mississippital, Florida, Delaware bis mexikanische Grenze, S-Indiana, in Sümpfen und an Flussufern

Wuchs: Höhe: 4 / 30 m, Breite: 2 / 10 m; großer Baum mit regelmäßig kegelförmiger Krone, im Alter gelegentlich auch unregelmäßig offen, Seitenäste locker verteilt, zunächst leicht ansteigend, später waagerecht

Nadeln: Hellgrün, im Herbst rostbraun bis orangerot, sommergrün, nadelförmig, 8–18 mm lang und 1–2 mm breit, wechselständig, radial an Kurztrieben, zweireihig an Langtrieben, im Herbst zusammen mit Kurztrieben abfallend

Zapfen: Eirund bis kugelig, jung grün, reif braun, 2–3 cm dick, kurz gestielt

Boden: Liebt feuchte bis nasse, auch sumpfige, nährstoffreiche, sandige, lehmige oder tonige, saure bis neutrale Böden, verträgt aber auch mäßig trockene Böden

Standort: Sonnig, frei, in der Jugend halbschattig, geschützt

Verwendung: Solitär, in lockeren Gruppen, für Alleen, große Garten- und Parkanlagen, besonders gut an Gewässern, in Sumpf- oder Überschwemmungsgebieten einzusetzen

Winterhärtezone: 6b

© HRM

Taxodium distichum 'Peve Minaret'

Sumpfzypresse 'Peve Minaret'

Taxodiaceae

Herkunft: Cultivar/Sorte: 1990 als Sämling von P. Vergeldt (NL) ausgelesen

Wuchs: Höhe: 1,5 / 6 m, Breite: 0,8 / 2,5 m; langsam wüchsiger, kleiner Baum mit gleichmäßig kegelförmiger Krone

Nadeln: Hellgrün, im Herbst rostbraun bis orangerot, sommergrün, nadelförmig, kürzer als bei der Art, 8–12 mm lang, zum Zweigende hin immer kürzer werdend, wechselständig

Boden: Liebt feuchte bis nasse, auch sumpfige, nährstoffreiche, sandige, lehmige oder tonige, saure bis neutrale Böden, verträgt aber auch mäßig trockene Böden

Standort: Sonnig, frei, in der Jugend halbschattig, geschützt

Verwendung: Solitär, in lockeren Gruppen, für Garten- und Parkanlagen, besonders gut an Gewässern, in Sumpf- oder Überschwemmungsgebieten einzusetzen, mobiles Grün

Winterhärtezone: 6b

© HRM

© HRM

Taxus baccata

Gewöhnliche Eibe

Taxodiaceae

Herkunft: Europa, Nord-Afrika, Atlas-Gebirge, Kleinasien, Kaukasus bis nach N-Persien

Wuchs: Höhe: 2,5 / 6–10 (–15) m, Breite: 2 / 10 m; kleiner bis mittelgroßer Baum oder Strauch mit eiförmiger oder unregelmäßig kugeliger Krone, Äste waagerecht abstehend bis aufstrebend, kurze, oft verwachsene Stämme, Zweige herabhängend, Borke rotbraun bis graubraun

Nadeln: Tief dunkelgrün bis schwarz-grün, glänzend, immergrün, nadelförmig, 10–30 mm lang, linealisch, allmählich kurz zugespitzt

Zapfen: Roter, tonnenförmiger, fleischiger Samenmantel (Arillus), der einen schwarz-braunen, 6–7 mm langen und 3,5 mm breiten Samen umschließt

Boden: Standorttolerant, liebt durchlässige, frische bis feuchte, nährstoffreiche, lehmig-humose, alkalische Böden, gedeiht aber auch auf ärmeren, schwach sauren Standorten, verträgt Wurzeldruck

Standort: Sonnig bis halbschattig, gedeiht auch im Vollschatten, dann jedoch recht offener, lockerer Wuchs

Verwendung: Solitär, in Gruppen, als Unterpflanzung von Bäumen, hervorragende Heckenpflanze, extrem schnittverträglich, wird gern durch Schnitt formiert und als geometrisches Formelement genutzt; für Kinderspielplätze ungeeignet, da alle Pflanzenteile, mit Ausnahme des roten Samenmantels, giftig sind!

Winterhärtezone: 6a

© Floramedia

Taxus baccata 'David'

Gelbe Säulen-Eibe

Taxodiaceae

Herkunft: Cultivar/Sorte: als Sämling 1967 von M. M. Bömer (NL) ausgelesen

Wuchs: Höhe: 1 / 4 m , Breite: 0,5 / 1,5 m; kompakte, langsam wüchsige Säulenform, Äste straff aufrecht, dicht stehend, bis zum Boden verzweigt, viele Kurztriebe, langsam wachsend

Nadeln: Dunkelgrün, leuchtend gelb gerandet, im Innern der Pflanze und im Vollschatten vergrünend, immergrün, nadelförmig, 15–20 mm lang, flach, radial um den Trieb stehend, spitz

Zapfen: Ohne Fruchtansatz, männliche Form

Boden: Standorttolerant, liebt durchlässige, frische bis feuchte, nährstoffreiche, lehmig-humose, alkalische Böden, gedeiht aber auch auf ärmeren, schwach sauren Standorten

Standort: Sonnig bis halbschattig, nicht sonnenbrandgefährdet

Verwendung: Solitär, in kleinen Gruppen, für Vor- und Hausgärten, Parkanlagen, Stein- und Heidegärten, Dachgärten, mobiles Grün, kontrastbildend mit dunkelgrünen Koniferen, zum Setzen geometrischer Akzente; für Kinderspielplätze ungeeignet, da alle Pflanzenteile giftig sind!

Winterhärtezone: 6a

Taxus baccata 'Dovastoniana'

Adlerschwingen-Eibe

Taxodiaceae

Herkunft: Cultivar/Sorte: bereits seit 1777 bekannt

Wuchs: Höhe: 2 / 7 m, Breite: 1,5 / 6 m; breit kegelförmiger Strauch oder kleiner Baum, Mittelstamm oder Haupttriebe straff aufrecht, Äste waagerecht ausgebreitet, Spitzen überhängend, Zweige senkrecht herabhängend

Nadeln: Tief dunkelgrün bis schwarzgrün, glänzend, immergrün, nadelförmig, 15–25 mm lang, linealisch, allmählich kurz zugespitzt

Zapfen: Roter, tonnenförmiger, fleischiger Samenmantel (Arillus), der einen schwarzbraunen, 6–7 mm langen und 3,5 mm breiten Samen umschließt

Boden: Standorttolerant, liebt durchlässige, frische bis feuchte, nährstoffreiche, lehmig-humose, alkalische Böden, gedeiht aber auch auf ärmeren, schwach sauren Standorten

Standort: Sonnig bis halbschattig, salzempfindlich

Verwendung: Solitär, für Gärten und Parkanlagen, öffentliches Grün, auf Rasenflächen, vor hellen Fassaden; für Kinderspielplätze ungeeignet, da alle Pflanzenteile, mit Ausnahme des roten Samenmantels, giftig sind!

Winterhärtezone: 6a

Taxus baccata 'Dovastonii Aurea'

Gelbe Adlerschwingen-Eibe

Taxodiaceae

Herkunft: Cultivar/Sorte: bereits seit 1867 bekannt

Wuchs: Höhe: 1,5 / 6 m, Breite: 1,3 / 5 m; breit kegelförmiger Strauch oder kleiner Baum, Mittelstamm oder Haupttriebe straff aufrecht, Äste waagerecht ausgebreitet, Spitzen überhängend, Zweige senkrecht herabhängend, etwas langsamer wachsend als 'Dovastoniana'

Nadeln: Dunkelgrün, mit breitem goldgelbem Rand, unterseits gelblich grün, immergrün, nadelförmig, 15–25 mm lang, linealisch, allmählich kurz zugespitzt

Zapfen: Roter, tonnenförmiger, fleischiger Samenmantel (Arillus), der einen schwarzbraunen, 6–7 mm langen und 3,5 mm breiten Samen umschließt

Boden: Standorttolerant, liebt durchlässige, frische bis feuchte, nährstoffreiche, lehmig-humose, alkalische Böden, gedeiht aber auch auf ärmeren, schwach sauren Standorten

Standort: Sonnig bis absonnig, salzempfindlich

Verwendung: Solitär, Gärten und Parkanlagen, öffentliches Grün, auf Rasenflächen, vor dunklen Fassaden, kontrastbildend zu dunkelgrünen Koniferen; für Kinderspielplätze ungeeignet, da alle Pflanzenteile, mit Ausnahme des roten Samenmantels, giftig sind!

Winterhärtezone: 6a

© Floramedia

Taxus baccata 'Fastigiata Aureomarginata'

Gelbe Säulen-Eibe

Taxodiaceae

Herkunft: Cultivar/Sorte: bereits seit 1880 bekannt

Wuchs: Höhe: 1,2 / 5 m, Breite: 0,6 / 2,5 m; Säulenform, Äste straff aufrecht, dicht stehend, bis zum Boden verzweigt, viele Kurztriebe, langsam wachsend

Nadeln: Dunkelgrün, mit breitem goldgelbem Rand, der im Laufe des Jahres allmählich hellgrün wird, immergrün, nadelförmig, 15–20 mm lang, flach, radial um den Trieb stehend, spitz

Zapfen: Roter, tonnenförmiger, fleischiger Samenmantel (Arillus), der einen schwarzbraunen, 6–7 mm langen und 3,5 mm breiten Samen umschließt

Boden: Standorttolerant, liebt durchlässige, frische bis feuchte, nährstoffreiche, lehmig-humose, alkalische Böden, gedeiht aber auch auf ärmeren, schwach sauren Standorten

Standort: Sonnig bis halbschattig, bei extremer Hitze sonnenbrandgefährdet, Gefahr der Frosttrocknis bei tiefem Frost und windigen, vollsonnigen Lagen

Verwendung: Solitär, in kleinen Gruppen, für Vor- und Hausgärten, Parkanlagen, Stein- und Heidegärten, Dachgärten, mobiles Grün, kontrastbildend mit dunkelgrünen Koniferen, zum Setzen geometrischer Akzente; für Kinderspielplätze ungeeignet, da alle Pflanzenteile, mit Ausnahme des roten Samenmantels, giftig sind!

Winterhärtezone: 6b

© HRM

Taxus baccata 'Fastigiata Robusta'

Säulen-Eibe

Taxodiaceae

Herkunft: Cultivar/Sorte: vor 1940 von H. Zulauf (Schweiz) gefunden

Wuchs: Höhe: 1,5 / 5 m , Breite: 0,5 / 2 m; Schlanke Säulenform, Äste straff aufrecht, dicht stehend, stets geschlossen, bis zum Boden verzweigt, viele Kurztriebe, langsam wachsend

Nadeln: Dunkelgrün bis frischgrün, immergrün, nadelförmig, 20–30 mm lang, recht breit, auffallend radial stehend, nach unten gekrümmt

Zapfen: Roter, tonnenförmiger, fleischiger Samenmantel (Arillus), der einen schwarzbraunen, 6–7 mm langen und 3,5 mm breiten Samen umschließt

Boden: Standorttolerant, liebt durchlässige, frische bis feuchte, nährstoffreiche, lehmig-humose, alkalische Böden, gedeiht aber auch auf ärmeren, schwach sauren Standorten

Standort: Sonnig bis absonnig, nicht sonnenbrandgefährdet

Verwendung: Solitär, in kleinen Gruppen, für Vor- und Hausgärten, Parkanlagen, Stein- und Heidegärten, Dachgärten, Rosengärten, mobiles Grün, vor hellen Hintergründen, zum Setzen geometrischer Akzente; für Kinderspielplätze ungeeignet, da alle Pflanzenteile, mit Ausnahme des roten Samenmantels, giftig sind!

Besondere Hinweise: Alternative Sorte: *Taxus baccata* 'Fastigiata', nicht ganz so schlank und geschlossen wachsend

Winterhärtezone: 6a

Taxus baccata 'Overeynderi'

Kegel-Eibe

Taxodiaceae

Herkunft: Cultivar/Sorte: als Sämling von 'Fastigiata' ca. 1860 von C. G. Overeynder (NL) ausgelesen
Wuchs: Höhe: 1,5 / 5 m, Breite: 0,8 / 3 m; breit kegelförmiger bis breit säulenförmiger Großstrauch mit mehreren, straff aufrechten Hauptästen, dicht verzweigt und auch im Alter geschlossen bleibend
Nadeln: Oben dunkelgrün, unten mattgrün, immergrün, nadelförmig, 10–20 mm lang, linealisch, leicht sichelförmig, spitz
Zapfen: Nur geringer Fruchtansatz, roter, tonnenförmiger, fleischiger Samenmantel (Arillus), der einen schwarzbraunen, 6–7 mm langen und 3,5 mm breiten Samen umschließt
Boden: Standorttolerant, liebt durchlässige, frische bis feuchte, nährstoffreiche, lehmig-humose, alkalische Böden, gedeiht aber auch auf ärmeren, schwach sauren Standorten
Standort: Sonnig bis halbschattig, Gefahr der Frosttrocknis bei windigen, vollsonnigen Lagen
Verwendung: Solitär, in kleinen Gruppen, für Vor- und Hausgärten, Parkanlagen, große Stein- und Heidegärten, Rosengärten, Dachgärten, mobiles Grün, vor hellen Hintergründen; für Kinderspielplätze ungeeignet, da alle Pflanzenteile, mit Ausnahme des roten Samenmantels, giftig sind!
Winterhärtezone: 6a

© Floramedia

Taxus baccata 'Repandens'

Kissen-Eibe, Tafel-Eibe

Taxodiaceae

Herkunft: Cultivar/Sorte: 1887 von Parson & Sons (USA) in den Handel gebracht
Wuchs: Höhe: 0,4 / 0,8 m, Breite: 1,5 / 3 m; niedrige Zwergform mit flach ausgebreiteten, waagerechten Ästen, Triebspitzen überhängend, im Alter gleichmäßige flach rundliche Form
Nadeln: Glänzend dunkelgrün, im Austrieb frischgrün, unterseits mattgrün, immergrün, nadelförmig, linealisch, 20–30 mm lang, flach, leicht sichelförmig gekrümmt, spitz, schräg aufwärtsgerichtet
Zapfen: Fruchtansatz nur an älteren Pflanzen, roter, tonnenförmiger, fleischiger Samenmantel (Arillus), der einen schwarzbraunen, 6–7 mm langen und 3,5 mm breiten Samen umschließt
Boden: Standorttolerant, liebt durchlässige, frische bis feuchte, nährstoffreiche, lehmig-humose, alkalische Böden, gedeiht aber auch auf ärmeren, schwach sauren Standorten, verträgt Wurzeldruck
Standort: Sonnig bis schattig, gut schattenverträglich
Verwendung: Solitär, in Gruppen, als Bodendecker, für Gärten und Parkanlagen, Steingärten, Heidegärten, Dachgärten, Grabbepflanzung, Böschungen, unter Bäumen, mobiles Grün; für Kinderspielplätze ungeeignet, da alle Pflanzenteile, mit Ausnahme des roten Samenmantels, giftig sind!
Winterhärtezone: 6a

© HRM

© HRM

Taxus baccata 'Semperaurea'

Gelbe Strauch-Eibe

Taxodiaceae

Herkunft: Cultivar/Sorte: 1908 von Dallimore (GB) eingeführt
Wuchs: Höhe: 1 / 3 (–4) m, Breite: 1 / 4 m; breit aufrechter, dicht buschiger und gedrungen wachsender Strauch mit kurzer Seitenverzweigungung
Nadeln: Im Austrieb leuchtend goldgelb, später frisch grüngelb, unterseits gelblich grün oder nur gelb gerandet, immergrün, nadelförmig, 10–20 mm lang, 2,5 mm breit, linealisch, spitz
Zapfen: Ohne Fruchtansatz, männliche Form
Boden: Standorttolerant, liebt durchlässige, frische bis feuchte, nährstoffreiche, lehmig-humose, alkalische Böden, gedeiht aber auch auf ärmeren, schwach sauren Standorten, verträgt Wurzeldruck
Standort: Sonnig bis leicht absonnig, nicht sonnenbrandgefährdet
Verwendung: Solitär, in kleinen Gruppen, für Vor- und Hausgärten, Parkanlagen, Stein- und Heidegärten, mobiles Grün, vor dunklen Hintergründen, als Kontrast zu grünen Nadelgehölzen; für Kinderspielplätze ungeeignet, da alle Pflanzenteile, mit Ausnahme des roten Samenmantels, giftig sind!
Winterhärtezone: 6a

© HRM

Taxus baccata 'Summergold'

Gelbe Tafel-Eibe

Taxodiaceae

Herkunft: Cultivar/Sorte: als Sämling vor 1967 von J. V. Ravensberg (NL) ausgelesen
Wuchs: Höhe: 0,6 / 1 m, Breite: 1 / 3 m; flach ausgebreiteter Kleinstrauch, Äste horizontal bis leicht aufstrebend, Zweige hängend
Nadeln: Im Austrieb goldgelb, später grüngelb und goldgelb gerandet, immergrün, nadelförmig, 20–30 mm lang, 2 mm breit, linealisch, flach, spitz
Zapfen: Nur geringer Fruchtansatz, roter, tonnenförmiger, fleischiger Samenmantel (Arillus), der einen schwarzbraunen, 6–7 mm langen und 3,5 mm breiten Samen umschließt
Boden: Standorttolerant, liebt durchlässige, frische bis feuchte, nährstoffreiche, lehmig-humose, alkalische Böden, gedeiht aber auch auf ärmeren, schwach sauren Standorten, verträgt Wurzeldruck
Standort: Sonnig bis halbschattig, nicht sonnenbrandgefährdet, Gefahr der Frosttrocknis bei windigen, vollsonnigen Lagen
Verwendung: Solitär, in kleinen Gruppen, als Bodendecker, für Vor- und Hausgärten, Parkanlagen, öffentliches Grün, Böschungen, Stein- und Heidegärten, vor dunklen Hintergründen, als Kontrast zu grünen Nadelgehölzen; für Kinderspielplätze ungeeignet, da alle Pflanzenteile, mit Ausnahme des roten Samenmantels, giftig sind!
Winterhärtezone: 6a

Taxus cuspidata 'Nana'

Japanische Zwerg-Eibe

Taxodiaceae

Herkunft: Cultivar/Sorte: seit 1861 in Europa bekannt

Wuchs: Höhe: 0,6 / 2 m, Breite: 0,8 / 4 m; langsamwüchsiger Strauch mit unregelmäßigem, niedrigem Wuchs, Äste niederliegend bis leicht aufstrebend, sehr dicht verzweigt, kurze Seitenzweige

Nadeln: Matt dunkelgrün, unterseits hellgrün, immergrün, nadelförmig, recht kurz, 20–25 mm lang, 2 mm breit, linealisch, radial angeordnet, dicht stehend, flach, spitz

Zapfen: Ohne Fruchtansatz, männliche Form

Boden: Standorttolerant, auf allen frischen bis feuchten, nährstoffreichen, humosen und durchlässigen Böden, sauer bis stark alkalisch

Standort: Sonnig bis halbschattig, stadtklimafest

Verwendung: Solitär, in Gruppen, für Vor- und Hausgärten, Steingärten, Heidegärten, Dachgärten, Pflanzgefäße, als Formgehölz, für Kinderspielplätze ungeeignet, da alle Pflanzenteile giftig sind!

Winterhärtezone: 5

© HRM

Taxus x *media* 'Hicksii'

Becher-Eibe

Taxodiaceae

Herkunft: Cultivar/Sorte: als Sämling ca. 1900 von I. Hicks (USA) ausgelesen; Hybride von *T. baccata* x *T. cuspidata*

Wuchs: Höhe: 1,5 / 5 m, Breite: 1 / 4 m; aufrechter Strauch mit langen, straff aufrechten, teils gewellten Trieben, ohne Mitteltrieb, dicht verzweigt, insgesamt breite Säulenform, im Alter vasen- bis becherförmig

Nadeln: Glänzend dunkelgrün, unterseits hellgrün, Austrieb hell frischgrün, immergrün, nadelförmig, 25–30 mm lang, linealisch, mit erhabenem Mittelnerv, an Seitentrieben zweizeilig, an Spitzentrieben auch radial angeordnet, flach, spitz

Zapfen: Schon nach wenigen Jahren stark fruchtend, roter, tonnenförmiger, fleischiger Samenmantel (Arillus), der einen schwarzbraunen, 6–7 mm langen Samen umschließt

Boden: Standorttolerant, auf allen frischen bis feuchten, nährstoffreichen, humosen und durchlässigen Böden, sauer bis stark alkalisch

Standort: Sonnig bis absonnig, stadtklimafest, Gefahr der Frosttrocknis bei tiefem Frost und windigen, vollsonnigen Lagen

Verwendung: Solitär, in Gruppen, für breite ungeschnittene Hecken, Gärten, Parkanlagen, öffentliches Grün, Steingärten, Heidegärten, Rosengärten; für Kinderspielplätze ungeeignet, da alle Pflanzenteile, mit Ausnahme des roten Samenmantels, giftig sind!

Winterhärtezone: 5

© HRM

Taxus x *media* 'Hillii'

Eibe 'Hillii'

Taxodiaceae

Herkunft: Cultivar/Sorte: ca. 1914 ausgelesen von D. Hill Nurseries (USA); Hybride von *T. baccata* x *T. cuspidata*

Wuchs: Höhe: 1,5–2 / 5 m, Breite: 1 / 3 m; breit kegelförmiger Strauch, Äste zunächst straff aufrecht, im Alter oft v-förmig auseinanderstrebend, sehr dicht verzweigt, Zweige kurz, ähnlich 'Hicksii', aber dichter und mehr säulenförmig

Nadeln: Im Austrieb glänzend hellgrün, später dunkelgrün, unten grasgrün, immergrün, nadelförmig, 20–22 mm lang, 2,5 mm breit, linealisch, kurz spitz

Zapfen: Ohne Fruchtansatz, männliche Form

Boden: Standorttolerant, auf allen frischen bis feuchten, nährstoffreichen, humosen und durchlässigen Böden, sauer bis stark alkalisch

Standort: Sonnig bis absonnig, stadtklimafest

Verwendung: Solitär, in Gruppen, für Hecken, Gärten, Parkanlagen, öffentliches Grün, Steingärten, Heidegärten, Rosengärten, Formgehölze; für Kinderspielplätze ungeeignet, da alle Pflanzenteile, mit Ausnahme des roten Samenmantels, giftig sind!

Winterhärtezone: 5

Thuja occidentalis 'Brabant'

Abendländischer Lebensbaum 'Brabant'

Cupressaceae

Herkunft: Cultivar/Sorte: vor 1984 von G. J. F. Rombouts (NL) eingeführt; wahrscheinlich eine Hybride aus *T. occidentalis* x *T. plicata*

Wuchs: Höhe: 4 / 15 m, Breite: 1,2 / 3–4 m; schnellwüchsiger, mittelhoher, schlank kegelförmiger Baum, Äste und Zweige waagerecht abstehend bis bogig aufsteigend, gerade durchgehender Hauptstamm, dicht verzweigt

Nadeln: Frischgrün, auch im Winter nicht verbräunend, immergrün, schuppenförmig, dicht dachziegelartig angeordnet, gegenständig, an Haupttrieben 7–8 mm lang, an Seitentrieben 2,5 mm, stumpf

Zapfen: Länglich eiförmige Zapfen, bis 1 cm lang, anfangs hellgrün, reif hellbraun, zahlreich, an über 30-jährigen Bäumen

Boden: Anpassungsfähig, liebt frische bis feuchte, nährstoffreiche, sandiglehmige, auch schottrige, schwach saure bis alkalische Böden, bei guter Wasserversorgung auch saure Böden möglich, empfindlich bei andauernder Bodentrockenheit

Standort: Sonnig bis halbschattig, auch windige Lagen, industrie- und stadtklimafest

Verwendung: Solitär, in lockeren Gruppen, für Gärten, Parks, als geometrisches Formelement, eine sehr gute, viel verwendete Heckenpflanze für 2–5 m hohe Schnitthecken oder große frei wachsende Hecken

Winterhärtezone: 5

Thuja occidentalis 'Columna'

Säulen-Lebensbaum

Cupressaceae

Herkunft: Cultivar/Sorte: vor 1904 im Arnold Arboretum (USA) bekannt und von SPÄTH (Berlin, Baumschulenweg) nach Europa eingeführt

Wuchs: Höhe: 2,5 / 5–8 m, Breite: 0,8 / 1,5 m; regelmäßig schmale Säulenform, Äste kurz, dicht stehend, waagerecht abstehend, Spitze ziemlich stumpf, Zweiglein fächerförmig und im Alter leicht muschelförmig gewölbt, dicht stehend

Nadeln: Dunkelgrün, leicht glänzend, immergrün, schuppenförmig, dicht dachziegelartig angeordnet, gegenständig, an Haupttrieben 7–8 mm lang, an Seitentrieben 2,5 mm, stumpf

Zapfen: Länglich eiförmige Zapfen, bis 1 cm lang, anfangs hellgrün, reif hellbraun, erst an älteren, ungeschnittenen Bäumen

Boden: Anpassungsfähig, liebt frische bis feuchte, nährstoffreiche, sandiglehmige auch schottrige, schwach saure bis alkalische Böden, bei guter Wasserversorgung auch saure Böden möglich, empfindlich bei andauernder Bodentrockenheit

Standort: Sonnig bis halbschattig, auch windige Lagen, industrie- und stadtklimafest

Verwendung: Solitär, in lockeren Gruppen, für Gärten, Parks, als geometrisches Formelement, eine sehr gute, schmal bleibende Heckenpflanze (auch ohne Schnitt)

Winterhärtezone: 5

© HRM

Thuja occidentalis 'Danica'

Kugel-Lebensbaum

Cupressaceae

Herkunft: Cultivar/Sorte: 1948 als Sämling bei A. R. Jensen (DK) gefunden

Wuchs: Höhe: 0,3 / 0,8 m, Breite: 0,4 / 1 m; Anfangs kugeliger, später flachkugeliger Kleinstrauch, sehr kompakt, fächerförmige, senkrecht, dicht beieinanderstehende Zweiglein

Nadeln: Glänzend frischgrün, im Winter etwas bräunlich verfärbend, immergrün, schuppenförmig, dicht stehend, dachziegelartig angedrückt, stumpf

Boden: Anpassungsfähig, liebt frische bis feuchte, nährstoffreiche, sandiglehmige, auch schottrige, schwach saure bis alkalische Böden, bei guter Wasserversorgung auch saure Böden möglich, empfindlich bei andauernder Bodentrockenheit

Standort: Sonnig bis absonnig, auch windige Lagen, industrie- und stadtklimafest

Verwendung: Solitär, in kleinen Gruppen, für Vor- und Hausgärten, Steingärten, Heidegärten, Rabatten, Dachgärten, an Terrassen, auf Gräbern, in Pflanzgefäßen

Besondere Hinweise: Alternative Sorte: 'Tiny Tim', etwas stärker und lockerer wachsend

Winterhärtezone: 5

© HRM

Thuja occidentalis Golden Smaragd® Ⓢ

(syn.: *T. o.* 'Janed Gold')

Gelber Kegel-Lebensbaum

Cupressaceae

Herkunft: Cultivar/Sorte: 1999 in einem Baumschulbestand von E. Kubik (PL) gefunden

Wuchs: Höhe: 1,5–2 / 6 m, Breite: 0,8 / 2 m; kompakte Kegelform, im Habitus ähnlich der Sorte 'Smaragd', Stamm durchgehend, ganz hinter dichtem Laub versteckt, Äste leicht ansteigend, dicht verzweigt

Nadeln: Lebhaft goldgelb bis grüngelb (im Innern und im Schatten), immergrün, schuppenförmig, dicht stehend, dachziegelartig angedrückt, stumpf

Boden: Anpassungsfähig, liebt frische bis feuchte, nährstoffreiche, sandiglehmige, auch schottrige, schwach saure bis alkalische Böden, bei guter Wasserversorgung auch saure Böden möglich, empfindlich bei andauernder Bodentrockenheit

Standort: Sonnig bis absonnig, auch windige Lagen, industrie- und stadtklimafest

Verwendung: Solitär, in lockeren Gruppen, für Gärten, Parks, als geometrisches Formelement, vor dunklen Hintergründen und als Kontrast zu dunklen Koniferen, eine sehr gute, gelbe Heckenpflanze (auch ohne Schnitt)

Winterhärtezone: 5

Thuja occidentalis 'Golden Tuffet'

Gelber Kissen-Lebensbaum

Cupressaceae

Herkunft: Cultivar/Sorte: 1997 durch Iseli Nursery (USA) eingeführt

Wuchs: Höhe: 0,4 / 0,7 m, Breite: 0,7 / 1,5 m; dichtbuschige Zwergform, flachkugelig bis kissenförmig wachsend, Zweigspitzen übernickend, die Rinde der jungen Triebe rötlich braun und teilweise zwischen den juvenilen Nadeln durchscheinend

Nadeln: Sehr schönes Farbspiel im Laufe des Jahres, im Austrieb orangebraun, danach hellgelb, im Innern grüngelb, im Winter bronzegelb, immergrün, juvenile Blätter nadelförmig, dicht beieinander, in Quirlen zu viert, locker anliegend, sieht aus wie zu einer Kordel geflochten, immergrün, linear, leicht gebogen, bis 10 mm lang

Boden: Anpassungsfähig, liebt frische bis feuchte, nährstoffreiche, sandiglehmige auch schottrige, schwach saure bis alkalische Böden, bei guter Wasserversorgung auch saure Böden möglich, empfindlich bei andauernder Bodentrockenheit

Standort: Sonnig bis absonnig

Verwendung: Solitär, in kleinen Gruppen, für Vor- und Hausgärten, Steingärten, Heidegärten, Rabatten, zu Gräsern und Stauden, an Terrassen, auf Gräbern, in Kübeln und Trögen, schöner Kontrast zu dunklen Koniferen

Winterhärtezone: 6a

Thuja occidentalis 'Smaragd'

Smaragd-Lebensbaum, Kegel-Lebensbaum

Cupressaceae

Herkunft: Cultivar/Sorte: 1950 von D. T. Poulsen (DK) als Mutation an *T. o.* 'Kelleriis Viridis' gefunden

Wuchs: Höhe: 2 / 6 m, Breite: 0,7 / 1,8 m; schlanke, außerordentlich gleichmäßig aufgebaute, dicht verzweigte Kegelform, Stamm durchgehend, ganz hinter dichtem Laub versteckt, Äste leicht ansteigend, Zweiglein fein, anfangs fächerförmig in senkrechten Ebenen stehend, später auch waagerecht und muschelförmig gewölbt

Nadeln: Glänzend frischgrün, auch im Winter kaum verbräunend, immergrün, schuppenförmig, dicht stehend, dachziegelartig angedrückt

Boden: Anpassungsfähig, liebt frische bis feuchte, nährstoffreiche, sandiglehmige, auch schottrige, schwach saure bis alkalische Böden, bei guter Wasserversorgung auch saure Böden möglich, empfindlich bei andauernder Bodentrockenheit

Standort: Sonnig bis absonnig, auch windige Lagen, industrie- und stadtklimafest

Verwendung: Solitär, in lockeren Gruppen, für Gärten, Parks, Rabatten, Dachgärten, mobiles Grün, als geometrisches Formelement, außerordentlich wertvolle Sorte, die auch ungeschnitten sehr schön in Form bleibende Wände bildet

Winterhärtezone: 5

Thuja occidentalis 'Sunkist'

Abendländischer Lebensbaum 'Sunkist'

Cupressaceae

Herkunft: Cultivar/Sorte: vor 1960 von G. Boer (NL) eingeführt

Wuchs: Höhe: 1,5 / 5 m, Breite: 0,8 / 2 m; regelmäßig schlank kegelförmiger Baum, Äste kurz und dicht verzweigt, Zweigfächer senkrecht, etwas muschelförmig gedreht

Nadeln: Goldgelb, im Austrieb hellgelb, im Winter bronzegelb, immergrün, schuppenförmig, dicht dachziegelartig anliegend

Zapfen: Länglich eiförmige Zapfen, bis 1 cm lang, anfangs hellgrün, reif hellbraun, erst an älteren, ungeschnittenen Bäumen

Boden: Anpassungsfähig, liebt frische bis feuchte, nährstoffreiche, sandiglehmige, auch schottrige, schwach saure bis alkalische Böden, bei guter Wasserversorgung auch saure Böden möglich, empfindlich bei andauernder Bodentrockenheit

Standort: Sonnig bis absonnig, auch windige Lagen, industrie- und stadtklimafest

Verwendung: Solitär, in lockeren Gruppen, für Gärten, Parks, Heidegärten, große Rabatten, mobiles Grün, sehr gut zur Belebung immergrüner Pflanzungen und vor dunklen Nadelgehölzgruppen, Hecken und Fassaden

Winterhärtezone: 5

© Floramedia

Thuja occidentalis 'Teddy'

Kugel-Lebensbaum 'Teddy'

Cupressaceae

Herkunft: Cultivar/Sorte: vor 1990 als Sämling von H. Pierskalla, Bad Berka (D), ausgelesen
Wuchs: Höhe: 0,4 / 0,6 m, Breite: 0,4 / 1 m; anfangs breit ovaler bis kugelrunder, später flachkugeliger Zwergstrauch, sehr dichtwüchsig, neigt ungeschnitten und bei Schneedruck zum Auseinanderfallen
Nadeln: Graugrün, im Austrieb sattgrün, immergrün, juvenile, nadelförmige, „kuschelweiche" Blätter, außergewöhnlich sind die fast waagerecht abstehenden, sehr weichen Nadeln, die in dieser Jugendform ausdauernd bleiben
Boden: Anpassungsfähig, liebt frische bis feuchte, nährstoffreiche, sandiglehmige, auch schottrige, schwach saure bis alkalische Böden, bei guter Wasserversorgung auch saure Böden möglich, empfindlich bei andauernder Bodentrockenheit
Standort: Sonnig bis halbschattig
Verwendung: Solitär, in kleinen Gruppen, für Vor- und Hausgärten, Steingärten, Heidegärten, Rabatten, zu Gräsern und Stauden, an Terrassen, auf Gräbern, in Kübeln und Trögen
Winterhärtezone: 6a

© HRM

Thuja orientalis 'Aurea Nana'

(syn.: *Platycladus orientalis* 'Aurea Nana' (heute gültiger Name))

Gelber Orientalischer Lebensbaum

Cupressaceae

Herkunft: Cultivar/Sorte: seit 1867 bekannt
Wuchs: Höhe: 0,8 / 2 m, Breite: 0,5 / 1,2 m; breit eiförmige, sehr gleichmäßig und kompakt wachsende Zwergform, Zweige fein und dünn, fächerförmig in gleichmäßigen, senkrecht gescheitelten Ebenen stehend
Nadeln: Im Austrieb hellgelb, dann leuchtend goldgelb, im Winter bräunlich gelb, immergrün, schuppenförmig, 1–2 mm lang, gegenständig, dachziegelartig angedrückt, stumpf
Boden: Gedeiht auf jedem durchlässigen, mäßig trockenen bis feuchten, mäßig nährstoffreichen, schwach sauren bis stark alkalischen Boden
Standort: Sonnig bis leicht schattig, in rauen Gebieten bevorzugt vor Wintersonne geschützte Lagen wählen
Verwendung: Solitär, in kleinen Gruppen, für Vor- und Hausgärten, Rabatten, Heidegärten, zu Stauden und Gräsern, an Terrassen, in Pflanzgefäßen, gut zur Belebung immergrüner Pflanzungen und zum Setzen geometrischer Akzente
Winterhärtezone: 6b

Thuja plicata Goldy®© (syn.: *Thuja plicata* '4ever')

Gelber Kegel-Lebensbaum

Cupressaceae

Herkunft: Cultivar/Sorte: vor 2002 von A. J. M. Luiten (NL) eingeführt

Wuchs: Höhe: 2–2,5 / 6 m, Breite: 1 / 2,5 m; Schlanke, dicht geschlossene Kegelform, Äste schräg aufrecht, Zweige feingliedrig, fächerförmig, durch die Zweigstellung, die feine Benadelung und die Leuchtkraft der Nadeln in der Gesamterscheinung einer gelben Scheinzypresse ähnlich und damit einmalig im *Thuja*-Sortiment

Nadeln: Leuchtend goldgelb, im Innern gelbgrün, im Winter leichter orange-bronzefarbener Ton, immergrün, schuppenförmig, dachziegelartig anliegend

Boden: Anpassungsfähig, liebt mäßig trockene bis frische oder feuchte, tiefgründige, durchlässige, nährstoffreiche Böden, sauer bis alkalisch, kalkvertragend, Staunässe vermeiden

Standort: Sonnig bis absonnig, industrie- und stadtklimafest

Verwendung: Solitär, in Gruppen, für Vor- und Hausgärten, Parkanlagen, Rabatten, große Stein- und Heidegärten, Innenhöfe, sehr gut zur Belebung immergrüner Pflanzungen und vor dunklen Nadelgehölzgruppen, Hecken und Fassaden, Schnittgrün

Winterhärtezone: 6b

Thuja plicata 'Atrovirens'

Grüner Riesen-Lebensbaum

Cupressaceae

Herkunft: Cultivar/Sorte: seit 1897 in Kultur

Wuchs: Höhe: 4 / 15 m, Breite: 1,5 / 3–5 m; schnellwüchsiger Baum mit schlanker, kegelförmiger Krone, Äste sehr dicht gestellt und straff aufwärts strebend, Zweige feingliedrig

Nadeln: Glänzend tiefgrün, unten graugrün, immergrün, schuppenförmig, an Haupttrieben 6–8 mm lang, sonst 2–3 mm, dachziegelartig anliegend, gegenständig

Zapfen: Länglich eirunde Zapfen, bis 12 mm lang, jung grün, reif hellbraun

Boden: Anpassungsfähig, liebt frische oder feuchte, tiefgründige, durchlässige, nährstoffreiche Böden, sauer bis alkalisch, kalkvertragend, Staunässe vermeiden

Standort: Sonnig bis halbschattig (schattenverträglich), industrie- und stadtklimafest, windfest

Verwendung: Solitär, in Gruppen, für hohe geschnittene oder frei wachsende Hecken, als Sicht- und Windschutz, für große Gärten, Parkanlagen, öffentliches Grün, an Gewässern, schnittverträglich

Winterhärtezone: 6a

© HRM

Thuja plicata 'Aurescens'

Goldspitzen-Lebensbaum

Cupressaceae

Herkunft: Cultivar/Sorte: seit 1960 in Kultur

Wuchs: Höhe: 3 / 8–12 m, Breite: 1,5 / 4 m; mittelgroßer, spitz kegelförmig wachsender Baum mit durchgehendem Stamm, Äste bogig aufstrebend, Triebspitzen leicht überhängend, bis zum Boden beastet, Zweige sehr dicht stehend

Nadeln: Glänzend grün, unten graugrün, Triebspitzen grünlich gelb, später auch weißlich gestreift, immergrün, schuppenförmig, 6–8 mm lang an Haupttrieben, sonst 2–3 mm, dachziegelartig am Trieb anliegend, gegenständig

Zapfen: Länglich eirunde Zapfen, bis 12 mm lang, jung grün, reif hellbraun

Boden: Anpassungsfähig, liebt frische oder feuchte, tiefgründige, durchlässige, nährstoffreiche Böden, sauer bis alkalisch, kalkvertragend, Staunässe vermeiden

Standort: Sonnig bis absonnig, industrie- und stadtklimafest, windfest

Verwendung: Solitär, in Gruppen, für hohe Hecken, als Sicht- und Windschutz, für große Gärten, Parkanlagen, öffentliches Grün, als Kontrast zu dunklen Koniferen, schnittverträglich

Winterhärtezone: 5

© HRM

Thuja plicata 'Excelsa'

Riesen-Lebensbaum 'Excelsa'

Cupressaceae

Herkunft: Cultivar/Sorte: gefunden auf einem Berliner Friedhof, eingeführt 1940 durch J. Timm & Co. (D)

Wuchs: Höhe: 4 / 10–15 m, Breite: 1,8 / 5 m; raschwüchsiger, mittelgroßer, gleichmäßig kegelförmig wachsender Baum mit durchgehendem Stamm, Äste waagerecht abstehend, im unteren Bereich bogig aufrecht, Zweige locker gestellt, Triebe derb, größer als bei der Art

Nadeln: Glänzend dunkelgrün, unten graugrün, immergrün, schuppenförmig, 7–9 mm lang an Haupttrieben, sonst 3–6 mm, dachziegelartig am Trieb anliegend, gegenständig

Zapfen: Länglich eirunde Zapfen, bis 12 mm lang, jung grün, reif hellbraun

Boden: Anpassungsfähig, liebt frische oder feuchte, tiefgründige, durchlässige, nährstoffreiche Böden, sauer bis alkalisch, kalkvertragend, Staunässe vermeiden

Standort: Sonnig bis absonnig, industrie- und stadtklimafest, windfest

Verwendung: Solitär, in Gruppen, für hohe geschnittene oder freiwachsende Hecken, als Sicht- und Windschutz, für große Gärten, Parkanlagen, öffentliches Grün, an Gewässern, schnittverträglich

Winterhärtezone: 5

Thuja plicata 'Zebrina'

Zebrastreifen-Lebensbaum

Cupressaceae

Herkunft: Cultivar/Sorte: seit 1923 in Kultur

Wuchs: Höhe: 2–3 / 15 m, Breite: 1,5 / 6 m; raschwüchsiger, mittelgroßer, kegelförmig wachsender Baum mit durchgehendem Stamm, Äste waagerecht abstehend, Spitzen sanft ansteigend, Zweige locker gestellt

Nadeln: Glänzend dunkelgrün, zebraartig gestreift, anfangs gelb, später cremefarben gestreift, immergrün, schuppenförmig, 6–8 mm lang, dachziegelartig am Trieb anliegend, gegenständig

Zapfen: Länglich eirunde Zapfen, bis 12 mm lang, jung grün, reif hellbraun, erst im Alter erscheinend

Boden: Anpassungsfähig, liebt frische oder feuchte, tiefgründige, durchlässige, nährstoffreiche Böden, sauer bis alkalisch, kalkvertragend, Staunässe vermeiden

Standort: Sonnig bis absonnig, industrie- und stadtklimafest, windfest

Verwendung: Solitär, in kleinen Gruppen, für Vor- und Hausgärten, Parkanlagen, öffentliches Grün, auffälliger Blickfang vor dunklen Laub- und Nadelgehölzen oder Gebäuden

Besondere Hinweise: Alternative Sorte: 'Zebrina Extra Gold', etwas schwächer wachsend und mit noch auffälligeren, breiteren gelben Streifen

Winterhärtezone: 6a

© HRM

Thujopsis dolabrata

Hibalebensbaum

Cupressaceae

Herkunft: Japan, in feuchtkühlen Gebirgswäldern, oft Schluchtwäldern, in Höhen bis 3000 m

Wuchs: Höhe: 1–2 / 10 m, Breite: 1–1,5 / 5 m; langsam wüchsiger, mittelgroßer Baum mit breit kegelförmiger Krone, manchmal mehrstämmig, bis unten beastet, Äste waagerecht bis bogig aufstrebend, untere Astpartien gelegentlich auffällig verbreitert, Zweige flach, fächerförmig, manchmal, besonders bei stecklingsvermehrten Pflanzen, auch lange nur strauchförmig und viel kleiner bleibend, ehe sich ein baumförmiger Mitteltrieb bildet

Nadeln: Glänzend hellgrün, unterseits weiß gefleckt, immergrün, schuppenförmig, 4–6 mm lang, gegenständig, derb ledrig

Zapfen: Kugelige bis breit eiförmige Zapfen, jung blaugrün, reif braun, Durchmesser 1,2–1,5 cm, mit 6–10 holzigen Samenschuppen

Boden: Tiefgründige, durchlässige, genügend frische, nährstoffreiche, sandig-humose, saure bis alkalische Böden, kalkvertragend

Standort: Sonnig bis halbschattig, in der Jugend auch schattig, liebt hohe Luftfeuchtigkeit, industrie- und stadtklimafest

Verwendung: Solitär, in Gruppen, für Gärten, Parkanlagen, Atrium, schnittverträglich

Winterhärtezone: 6a

© HRM

© HRM

Thujopsis dolabrata 'Nana'

Zwerg-Hibalebensbaum

Cupressaceae

Herkunft: Cultivar/Sorte: 1861 von Veitch nach England eingeführt

Wuchs: Höhe: 0,4 / 1 m, Breite: 0,7 / 2 m; kompakte, abgeflacht kugelig wachsende Zwergform, dicht und fein fächerförmig verzweigt, viel zarter und feiner als bei der Art

Nadeln: Glänzend hellgrün, unterseits weiß gefleckt, immergrün, schuppenförmig, nur 2 mm lang, gegenständig, ledrig

Boden: Tiefgründige, durchlässige, genügend frische, nährstoffreiche, sandig-humose, saure bis alkalische Böden, kalkvertragend

Standort: Sonnig bis halbschattig, liebt hohe Luftfeuchtigkeit, industrie- und stadtklimafest

Verwendung: Solitär, in kleinen Gruppen, für Vor- und Hausgärten, Stein- und Heidgärten, Atrium, an Gewässern, für Dachgärten, Gräber, Pflanzgefäße

Winterhärtezone: 6a

© HRM

Tsuga canadensis

Kanadische Hemlocktanne

Pinaceae

Herkunft: Nordöstliches Nord-Amerika, in feuchten Klimalagen, sehr gern in kühlen Tälern und schattigen Schluchten

Wuchs: Höhe: 3–4 / 15–20 m, Breite: 1,5 / 8–10 m; mittelgroßer bis großer Baum mit lockerer, breit kegelförmiger Krone, Stamm durchgehend bis zur Spitze, nicht selten auch mehrstämmig, Äste waagerecht bis durchhängend, obere Astpartien aufstrebend, Zweige elegant überhängend

Nadeln: Dunkelgrün, unterseits 2 weiße Stomatalinien, immergrün, nadelförmig, 10–20 mm lang, 1–1,5 mm breit, flach, oberseits kürzere Nadeln

Zapfen: Spitz eiförmige Zapfen, braun, 1–3 cm lang, kurzgestielt, erstmals nach 15–20 Jahren

Boden: Frische bis feuchte, gut durchlässige, humose, nährstoffreiche, jedoch nicht zu schwere Böden, sauer bis neutral, kalkempfindlich, streusalzempfindlich

Standort: Sonnig bis halbschattig, liebt (vor allem in der Jugend) halbschattige, kühl-feuchte Lagen, windgeschützt, empfindlich gegenüber starker Lufttrockenheit

Verwendung: Solitär, in lockeren Gruppen, für große Gärten und Parkanlagen, große Innenhöfe, zusammen mit Rhododendron, schnittverträglich

Winterhärtezone: 5

Tsuga canadensis 'Nana'

Zwerg-Hemlocktanne

Pinaceae

Herkunft: Cultivar/Sorte: bereits 1855 beschrieben

Wuchs: Höhe: 0,4 / 1 m, Breite: 0,6 / 1,5–2 m; flach rundlicher Kleinstrauch, Äste zunächst leicht ansteigend, später waagerecht ausgebreitet und leicht überhängend, Mitte der Pflanze oft nestartig vertieft, Zweige anmutig überhängend

Nadeln: Glänzend dunkelgrün, immergrün, nadelförmig, 10–20 mm lang, 1–1,5 mm breit, kurz, dicht stehend, fast regelmäßig zweizeilig

Boden: Frische bis feuchte, gut durchlässige, humose, nährstoffreiche, jedoch nicht zu schwere Böden, sauer bis neutral, kalkempfindlich, streusalzempfindlich

Standort: Sonnig bis halbschattig, liebt (vor allem in der Jugend) halbschattige, kühl-feuchte Lagen, windgeschützt, empfindlich gegenüber starker Lufttrockenheit

Verwendung: Solitär, in lockeren Gruppen, für Vor- und Hausgärten, Stein- und Heidegärten, Atrium, an Gewässern, zusammen mit flachen Stauden, Rhododendron oder Farnen, auf Gräbern, in Pflanzgefäßen

Besondere Hinweise: Ähnliche und oft auch unter diesem Namen kultivierte Sorte: *Tsuga canadensis* 'Jeddeloh'

Winterhärtezone: 5

© HRM

Tsuga canadensis 'Pendula'

Hänge-Hemlocktanne

Pinaceae

Herkunft: Cultivar/Sorte: von Beissner bereits 1887 beschrieben

Wuchs: Höhe: 1 / 3 m, Breite: 1 / 3 m; Hängeform, meist strauchartig wachsend, Äste bogig abstehend bis stark übergeneigt, Zweige nahezu senkrecht herabhängend und sich im Alter kaskadenartig übereinanderlegend

Nadeln: Glänzend dunkelgrün, immergrün, nadelförmig, 10–20 mm lang, 1–1,5 mm breit, oberseits kürzere Nadeln, dicht stehend, fast regelmäßig zweizeilig

Boden: Frische bis feuchte, gut durchlässige, humose, nährstoffreiche, jedoch nicht zu schwere Böden, sauer bis neutral, kalkempfindlich, streusalzempfindlich

Standort: Sonnig bis halbschattig, liebt (vor allem in der Jugend) halbschattige, kühl-feuchte Lagen, windgeschützt, empfindlich gegenüber starker Lufttrockenheit

Verwendung: Solitär, besonderer Blickfang für Vor- und Hausgärten, für Stein- und Heidegärten, an Treppen und Wegen, in Rabatten, im Atrium, an Gewässern, auf Gräbern, in Pflanzgefäßen

Winterhärtezone: 5

© HRM

Wissenswertes über Nadelgehölze

Nadelgehölze sind verholzende Pflanzen, meist immergrüne Bäume oder Sträucher, deren Blätter normalerweise die Form von Nadeln haben. Nicht immer geben sich diese Nadeln auch als solche zu erkennen. Manchmal sind sie ziemlich abgeflacht oder gar nur als kleine Schuppen vorhanden, die den Zweig umschließen. Botanisch gesehen spricht man eigentlich von „Koniferen", was Zapfenträger bedeutet. Bei diesen sind die sich entwickelnden Samen nicht, wie bei den Laubgehölzen, von einer Frucht umhüllt, sondern befinden sich in einem Samenzapfen. Da die Nadeln jedoch bei der Verwendung der Koniferen das für die gestalterische Wirkung wichtigste Merkmal sind, spricht man umgangssprachlich meist von „Nadelgehölzen" und seltener von Koniferen.

Der Samenzapfen ist das weibliche Fortpflanzungsorgan der Koniferen. Die männlichen Fortpflanzungsorgane sind pollentragende „Zapfen", gewöhnlich kleiner und nicht holzig. Nicht alle Samenzapfen sind so holzig wie z. B. bei der Kiefer *(Pinus)*. Die Zapfen von Wacholdern *(Juniperus)* und Steineibe *(Podocarpus)* sind fleischig und ziemlich fruchtartig. Bei der Eibe *(Taxus)* hat sich der Zapfen zu einem roten, fleischigen „Arillus" (Samenmantel) gewandelt, der wie ein oben offener Becher den Samen umhüllt. Männliche und weibliche Zapfen befinden sich bei einigen Arten *(z. B. Taxus, Juniperus)* auf unterschiedlichen Pflanzen. In diesem Fall spricht man von zweihäusigen Pflanzen.

Qualitätsmerkmale

Nadelgehölze gibt es in Baumschulen und Gartenfachmärkten mit und ohne Ballen sowie im Container.

Ballenlose, das heißt wurzelnackte Pflanzen spielen nur noch eine untergeordnete Rolle. In dieser Form werden lediglich kleine Heckenpflanzen (z. B. Fichte, Tanne, Kiefer, Eibe oder Lebensbaum) als Bundware angeboten. Beim Kauf sollte hier besonders auf ein gutes und gesundes Faserwurzelwerk und eine schnelle Weiterverarbeitung geachtet werden.

Ballierte Nadelgehölze gibt es in erster Linie bei Heckenpflanzen (z. B. Lebensbaum, Scheinzypresse, Eibe) und größeren Solitären. Wichtiges Qualitätskriterium ist hier ein fester und gut durchwurzelter Ballen, der in einem angemessenen Größenverhältnis zur Pflanze steht. Sehr kleine, lockere und wenig durchwurzelte Ballen gewährleisten nur selten das gewünschte Anwachsergebnis.

Containerpflanzen sind heute die wichtigste Angebotsform bei Nadelgehölzen. Über 90 Prozent werden in Baumschulen, Gartencentern, Pflanzenfachmärkten und Baumärkten als im Topf gewachsene Pflanzen angeboten. Der Vorteil besteht darin, dass man sie fast das ganze Jahr, außer in Frostperioden, pflanzen kann. Sie sollten gut durchwurzelt, aber im Wurzelwerk nicht verfilzt sein.

Bei allen Angebotsformen ist auf gesundes Wurzelwerk und einen arttypischen Wuchs zu achten. Details zu Qualitätsbestimmungen können nachgelesen werden in den „Gütebestimmungen für Baumschulpflanzen", zu beziehen bei der Forschungsgesellschaft Landschaftsentwicklung, Landschaftsbau e. V. (www.fll.de), Bonn.

Der richtige Standort

Die Auswahl des richtigen Nadelgehölzes ist zunächst von der Größe des Grundstücks abhängig. Bei den heute eher kleinen Vor- und Hausgärten ist die richtige Wahl Voraussetzung, um nicht schon nach wenigen Jahren die zu groß gewordenen Pflanzen ersetzen zu müssen. Mithilfe der Angaben in den Sortenbeschreibungen kann man sich eine Vorstellung vom Erscheinungsbild einer 10- oder 15-jährigen Pflanze machen. Nicht minder wichtig sind der Zustand des Gartenbodens und die Lichtverhältnisse. Vor der Pflanzung sollte sorgsam geprüft werden, ob die grundlegenden Ansprüche der gewünschten Pflanzen an Licht, Luftfeuchtigkeit, Klima und Boden im eigenen Garten erfüllt werden. Die vorgestellten Nadelgehölze sind im Allgemeinen sehr lichtbedürftig. Im tiefen Schatten gedeiht nur die Eibe, was aber oft mit dem Verlust der typischen Wuchsform einhergeht. Unter solchen Bedingungen wachsen die Pflanzen nur sehr locker und sparrig verzweigt. Ob die ausgewählte Pflanze auch in den kühleren Regionen Deutschlands gedeiht, verrät die Angabe über die Winterhärte (siehe Seite 8).

Die optimale Bodenvorbereitung

Nadelgehölze wachsen auf allen kultivierten Gartenböden. Humus- und nährstoffarme Böden müssen vor der Pflanzung mit organischen Materialien, wie reifem Kompost oder Pflanzerde angereichert werden. Das verbessert bei Sandböden die Wasserspeicherfähigkeit und den Nährstoffgehalt und lockert bei Lehmböden die Bodenstruktur. Bei sehr schweren Ton- und Lehmböden kann man Sand oder feinen Kies untermischen, um die Durchlüftung und damit das Bodenleben zu verbessern. Der mögliche Säuregrad (pH-Wert) des Bodens liegt bei Nadelgehölzen zwischen 4,5 und 7,2, wobei die einzelnen Arten sehr unterschiedliche Ansprüche haben. Im Einzelfall ist der pH-Wert mithilfe einer Bodenanalyse zu überprüfen. Es gibt Sorten (z. B. unter den Kiefern und Wacholdern), die extreme Trockenheit vertragen. Die meisten mögen allerdings einen gleichmäßig frischen, durchlässigen und humosen Boden. Stauende Nässe vertragen nur die wenigsten *(z. B. Taxodium)*.

Nadelgehölze richtig pflanzen

Gepflanzt wird, wie bei allen Gehölzen, bevorzugt in der Vegationsruhephase, wobei Frostperioden eine Pflanzung ausschließen.

Wurzelnackte Pflanzen Vor der Pflanzung werden die Wurzeln angeschnitten. Dabei entfernt man mit einem sauberen Schnitt alle beschädigten Wurzeln und kürzt die restlichen etwas ein. Die oberirdischen Triebe können bei strauchförmigen Arten, wie der Eibe, leicht gestutzt werden. Baumartige Formen wie Tanne oder Fichte bleiben ungeschnitten. Das Pflanzloch sollte doppelt so groß sein wie das verbleibende Wurzelwerk. Vor dem Pflanzen muss der Wurzelballen etwa eine Stunde in Wasser getaucht werden, damit die Pflanzen nicht mit trockenen Wurzeln in den Boden kommen. Die günstigsten Zeiträume für eine Pflanzung sind Ende September bis Mitte November und Anfang März bis Mitte April.

Ballenpflanzen Der Ballen muss vor der Pflanzung gut durchfeuchtet sein. Ist er zu trocken, wird er vorsichtig angefeuchtet (nicht mit einem Wasserstrahl ausspülen!). Bei sehr trockenen Ballen kann man diese vor der Pflanzung für zehn Minuten in einen Behälter mit Wasser stellen. Danach wird er genauso tief in die Pflanzgrube gestellt, wie er zuvor in der Baumschule gestanden hat. Die Pflanzgrube hebt man mindestens in doppelter Ballengröße aus. Die Sohle wird aufgelockert, sodass überschüssiges Wasser in den Untergrund abziehen kann. Nach dem Einpflanzen wird die Verknotung des Ballentuches gelöst, um Einschnürungen zu vermeiden. Bei größeren Solitärpflanzen werden auch Drahtkörbe zur Stabilisierung des Ballens genutzt. Allerdings sollte man den Draht im Bereich des Stammes mit einer Zange durchschneiden, um auch hier eventuellen Einschnürungen vorzubeugen. Beide Materialien verrotten bzw. zersetzen sich mit der Zeit. Bei größeren Pflanzen kann es erforderlich sein, einen oder mehrere Baumpfähle zur Stabilisierung zu setzen, um in den ersten Jahren den Winddruck auf die noch nicht vollständig eingewurzelte Pflanze zu mindern. Im Anschluss erfolgt eine durchdringende Bewässerung, die bei Trockenheit in den nachfolgenden Tagen und Wochen wiederholt wird. Die besten Zeiträume für eine Pflanzung liegen Anfang September bis Mitte November und Anfang März bis Ende April.

Containerpflanzen Im Topf gewachsene Pflanzen, die mittlerweile für fast das gesamte Nadelgehölzsortiment zur Verfügung stehen, lassen sich, mit Ausnahme der Frostperioden, ganzjährig pflanzen. Ausgetrocknete Töpfe werden durchdringend gewässert oder getaucht. Gelegentlich im Topf auftretende Ringelwurzeln schneidet man mit Messer oder Schere auf, was zugleich die Neuwurzelbildung fördert. Die Vorbereitung der Pflanzgrube und des Bodens, das Setzen eines Baumpfahles und die anschließende Bewässerung entspricht dem Vorgehen bei Ballenpflanzen.

Nadelgehölze optimal pflegen

Wird der Standort sorgfältig ausgewählt, so sind Nadelgehölze, abgesehen von geschnittenen Hecken, die pflegeleichtesten Gehölze überhaupt.

Wasserbedarf

Der Wasserbedarf von Koniferen richtet sich in erster Linie nach dem Witterungsverlauf. Insgesamt sind sie in dieser Hinsicht genügsamer als Laubgehölze oder Stauden. Eine zusätzliche Wasserversorgung ist meist nur in extrem heißen und trockenen Perioden notwendig. Dabei wird nicht die ganze Pflanze, sondern nur der Boden im Traufebereich der Pflanze gegossen. Um die Feuchtigkeit im Wurzelbereich länger zu halten, kann man den Boden mit verschiedenen Mulchmaterialien (z. B. Rindenmulch) abdecken. So wird gleichzeitig der Unkrautwuchs gehemmt. Wachsen die Koniferen in einem Kübel oder Pflanztrog, kann das Substrat sehr viel schneller austrocknen als im gewachsenen Boden, und es muss häufiger kontrolliert werden als im Freiland. Eine Tröpfchenbewässerung ist für eine kontrollierte Bewässerung sehr hilfreich, sollte aber außerordentlich sparsam auf lange Bewässerungsintervalle eingestellt sein. Übermäßiges Wässern führt bei Nadelgehölzen eher zu Schäden als eine längere Trockenperiode.

Bei allen immergrünen Nadelgehölzen besteht im Winter die Gefahr der Frosttrocknis. Kommt es nach einem trockenen Herbst zu längeren Frostperioden mit tief gefrorenem Boden, können sich die Pflanzen bei gleichzeitiger starker Sonneneinstrahlung und Wind sehr bald nicht mehr mit dem notwendigen Wasser versorgen. Deshalb ist vor dem Winter auf eine gute Wasserversorgung zu achten. Unter Umständen kann bei sehr trockenen Böden ein Wässern im Winter in den frostfreien Perioden notwendig sein. Das trifft insbesondere für Pflanzgefäße zu.

Düngung

Hinsichtlich des Nährstoffbedarfs sind Nadelgehölze relativ genügsam und benötigen vor allem im Frühjahr und Sommer eine gute und ausgeglichene Nährstoffversorgung. Viele Koniferenarten kommen ohne eine zusätzliche Düngung aus, einige können sich die notwendigen Nährstoffe aus tiefer liegenden Bodenschichten erschließen. Bei nährstoffarmen Böden empfiehlt sich im Frühjahr eine Grunddüngung mit einem Volldünger, der im Handel auch als „Koniferen-Dünger“ angeboten wird. Es können sowohl mineralische als auch organische Dünger (z. B. Hornspäne) verwendet werden. Rasch wirksame Mineraldünger werden nie direkt ins Pflanzloch gegeben, da es sonst zu Wurzelverbrennungen kommen kann. Spezialdünger wie „Bittersalz“ (ein Spezialdünger bei akutem Magnesiummangel) werden nur nach einer genauen Bodenanalyse eingesetzt. Da in Pflanzgefäßen der Nährstoffvorrat schneller erschöpft sein kann, empfiehlt sich für alle Kübel und Tröge der Einsatz von Langzeitdüngern.

Schnittmaßnahmen

Im Normalfall benötigen Nadelgehölze keine regelmäßigen Schnittmaßnahmen. Im Gegenteil, der natürliche Habitus ausgewachsener Pflanzen würde darunter leiden. Mit Ausnahme von Heckenpflanzen und Formgehölzen beschränken sich die Schnittmaßnahmen bei Koniferen weitestgehend auf das Entfernen abgestorbener oder kranker Triebe. Hochwachsende Bäume können „aufgeputzt“ werden, indem man die unteren Astpartien am Stamm entfernt. Eine Behandlung der Schnittwunden ist nicht erforderlich, da austretendes Harz einen eigenen Wundverschluss bildet. Einige Arten (z. B. Kiefer oder Fichte) kann man zu dichterem Wuchs anregen, indem man den Maitrieb um die Hälfte einkürzt, sobald dieser seine endgültige Länge erreicht hat. An den Schnittstellen bilden sich neue Knospen, die im nächsten Jahr für einen dichten Neuaustrieb sorgen. Bis auf Eibe, Hemlocktanne oder Urweltmammutbaum vertragen Nadelgehölze keinen Rückschnitt ins alte Holz. Ein stärkerer Verjüngungsschnitt ist nur bei der Eibe möglich. Das hat insbesondere bei der Verjüngung von Hecken eine praktische Bedeutung. Alle anderen typischen Heckenpflanzen, wie z. B. Lebensbaum oder Scheinzypresse sind ebenfalls schnittverträglich, jedoch darf der Schnitt hier nur bis ins junge Holz erfolgen. Deshalb beginnt bei Heckenpflanzen der Schnitt schon direkt nach der Pflanzung. Zunächst werden die Pflanzen auf eine einheitliche Höhe leicht eingekürzt. Das fördert die seitliche Verzweigung und ein buschiges Wachstum. Mit zunehmendem Alter lässt man die Hecke, soweit erforderlich, allmählich in die Höhe wachsen. Bei jedem Schnitt gibt man etwas Länge zu. Dabei ist darauf zu achten, dass sich die Hecke nach oben hin verjüngt, im Querschnitt also ein trapezförmiges Profil hat. So wird die Hecke stabiler und alle Zweige bekommen genügend Licht, um nicht zu verkahlen. Der beste Schnittzeitpunkt liegt im späten Frühjahr oder Frühsommer oder im Spätsommer Ende August/Anfang September. Bei sehr starkwüchsigen Sorten wie Riesenlebensbaum oder Bastardzypresse sind oftmals zwei Schnitttermine im Mai/Juni und im September erforderlich.

Winterschutz

Die in diesem Buch vorgestellten Arten und Sorten sind unter mitteleuropäischen Bedingungen winterhart. Oftmals sollten junge Pflanzen aber vor Wind oder Wintersonne geschützt werden. In kalten Lagen mit austrocknenden Ostwinden oder in Mittelgebirgsregionen mit grundsätzlich kühleren Temperaturen hat sich zu diesem Zweck die Abdeckung mit Fichten- oder anderem Nadelholzreisig bewährt. Diese Materialien mindern die austrocknende Wirkung des Windes und schützen gleichzeitig vor zu starker Sonneneinstrahlung. Ebenfalls geeignet sind Schattier- und Frostschutzgewebe aus Vlies oder Jute.

Luftundurchlässige Folien sind dagegen ungeeignet, da bei starker Sonneneinstrahlung die Temperaturen darunter stark ansteigen, die Pflanzen dadurch antreiben und noch empfindlicher werden.

Schneedruckgefährdete Arten können zusätzlich durch einen kleinen stabilen Überbau geschützt werden. Um Schneedruck bei größeren Pflanzen zu vermeiden, bindet man Säulenformen locker zusammen und schüttelt bei breitwüchsigen Koniferen den Schnee mit einem weichen Besen von den Zweigen.

© HRM

Pflanzengesundheit

Der beste Schutz vor Krankheiten und Schädlingen sind vitale Pflanzen. Eine gute Boden- und Standortwahl bei optimaler Wasser- und Nährstoffversorgung sind die besten Voraussetzungen dafür. Die Ansprüche an Licht und Sonne sollten dabei genauso beachtet werden wie die Wind- und Salzverträglichkeit. Durch die Förderung der natürlichen Feinde vieler Schaderreger, wie Vögel, Marienkäfer, Schwebfliegen, Florfliegen, können sich ebenfalls viele Pflanzenschutzmaßnahmen erübrigen.

Wenn nur örtlich begrenzte Befallsherde auftreten, reicht teilweise das Ausschneiden des Herdes aus. Sollte der Befallsdruck trotz robuster Pflanzen und guter Standortbedingungen zu hoch werden, ist zuerst eine sichere Diagnose notwendig. Hilfestellung bei der Bestimmung leisten Baumschulen und Gartencenter. Darüber hinaus stehen die regionalen Pflanzenschutzdienste für Untersuchungen von Pflanzenproben und für verbindliche Aussagen zur Bekämpfung zur Verfügung.

Verwendungsmöglichkeiten

Nadelgehölze zählen zu den wichtigen Planungselementen in einem Garten. Man findet im Sortiment immergrüne und laubabwerfende Arten, große und kleine Bäume, Pflanzen, die einen exponierten Einzelstand (Solitär) bevorzugen, aber auch Sorten, die für Gruppenpflanzungen oder als Bodendecker geeignet sind. Sie sind wichtiges Strukturelement in Stein- und Heidegärten oder geben als streng geschnittene oder ungeschnittene Hecken dem Garten den notwendigen Rahmen. Strauchartig und zwergig wachsende Formen bieten viele gestalterische Möglichkeiten auch für den kleinen Garten. Viele lassen sich wunderbar in Töpfen und Kübeln kultivieren.

Nadelgehölze als Hecken

Grundlegendes Gestaltungsmittel im Garten sind Hecken, und bei den immergrünen Hecken bieten die Nadelgehölze die größte Auswahl. Ob zur Einfassung von Gartenteilen, als Abgrenzung zum Nachbarn oder zur Straße, lebendige Heckenpflanzungen sind für die verschiedensten Verwendungszwecke geeignet. Hecken bieten Wind-, Sicht- und Lärmschutz, sind natürliche Grenzen für Kinder sowie Haustiere und bieten Lebensraum für viele Tiere, vor allem Vögel. Geschickt platziert, dienen sie zum Verdecken hässlicher Gemäuer oder können eine schöne Aussicht einrahmen und betonen. Im Gegensatz zu Mauern und geschlossenen Zäunen filtern und bremsen die „Lebenden Zäune“ den Wind, statt ihn völlig zu blockieren. Das führt zu besserer Luftzirkulation, einem geschützten Kleinklima und damit zu besseren Wachstumsbedingungen innerhalb des Gartens. Dunkle Hecken, etwa aus Eibe oder Lebensbaum, bilden

Die besten Nadelgehölze für kleine, bis 1 m hohe Hecken

Art / Sorte	Bedarf je lfd. m	Bemerkungen
Pinus mugo var. *pumilio*	3–4	Nur Schnitt der Maitriebe
Taxus cuspidata 'Nana'	5–6	Auch für kleine Einfassungen
Thuja occidentalis 'Danica'	4–5	Auch ungeschnitten
Thuja orientalis 'Aurea Nana'	3–4	Auch ungeschnitten

Die besten Nadelgehölze für mittelhohe, 1–2 m hohe Hecken

Art / Sorte	Bedarf je lfd. m	Bemerkungen
Taxus baccata	3–4	Hohes Regenerationsvermögen
Taxus x *media* 'Hillii'	3–4	
Taxus x *media* 'Hicksii'	3–4	
Thuja occidentalis 'Columna'	3	Auch ungeschnitten gut in Form
Thuja occidentalis GOLDEN SMARAGD	3	Goldgelb
Thuja occidentalis 'Smaragd'	3	Auch im Winter frischgrün

Die besten Nadelgehölze für hohe, 2–4 m hohe Hecken

Art / Sorte	Bedarf je lfd. m	Bemerkungen
Chamaecyparis lawsoniana 'Columnaris'	3–4	Nicht für raue, windige Lagen
Chamaecyparis lawsoniana 'Ellwoodii'	3–4	Nicht für raue, windige Lagen
Chamaecyparis lawsoniana 'Yvonne', 'Stardust'	3–4	Nicht für raue, windige Lagen
x *Cupressocyparis leylandii*	2–3	Nicht für raue Lagen
x *Cupressocyparis leylandii* 'Castlewellan Gold'	2–3	Nicht für raue Lagen
Thuja occidentalis 'Brabant'	3	
Thuja occidentalis 'Columna'	3	Auch ungeschnitten gut in Form
Thuja occidentalis 'Smaragd'	3	Auch ungeschnitten gut in Form
Thuja plicata 'Aurescens'	3	
Thuja plicata 'Excelsa'	3	
Thuja plicata GOLDY	3	Goldgelb

einen eindrucksvollen Hintergrund für leuchtende Sommerblumen- und Staudenrabatten. Für farbige Gehölzpflanzungen schaffen sie den notwendigen ruhigen Hintergrund, an den sich die Solisten anlehnen können. Manchmal dienen sie als lebende Trennwand zwischen funktional oder thematisch unterschiedlichen Gartenbereichen (z. B. zwischen Nutz- und Ziergarten) oder zwischen Beeten, die in kontrastierenden Farben bepflanzt sind.

Für hohe, ungeschnittene Windschutzhecken können baumartige Koniferen wie Fichte, Douglasie, oder Bastardzypresse gewählt werden. Für streng geschnittene Hecken stehen vor allem Arten wie Eibe, Scheinzypresse oder Lebensbaum zur Verfügung. Darüber hinaus können Wacholder, Hemlocktanne, Krummholz-Kiefer oder Lärche als Hecken erzogen werden.

Besonders die Wuchsstärke der einzelnen Arten sollte bei der Auswahl bedacht werden. Sehr starkwüchsige Arten wie Riesen-Lebensbaum oder Bastardzypresse sind nicht geeignet für eine niedrige Hecke, da der jährliche Schnittaufwand unverhältnismäßig hoch wäre. Mit sehr langsamwüchsigen Arten wie der Eibe erreicht man die Endhöhe vielleicht nicht in der gewünschten Zeit.

© HRM

Die meisten Enttäuschungen bei Heckenpflanzungen entstehen durch die nicht standortgerechte Auswahl der Arten. Ausreichende Winterhärte und der passende Boden sind neben der Wuchshöhe die wichtigsten Entscheidungskriterien. So sind klimatisch ungünstige Lagen mit langanhaltenden Frostperioden oder hoher Lufttrockenheit für Scheinzypresse oder Bastardzypresse nur bedingt geeignet. In diesen Lagen sollten die robusteren Lebensbäume oder Eibe verwandt werden. Großen Wert sollte man auf eine gute Bodenvorbereitung legen. Der enge Stand auf kleinstem Raum macht es notwendig, die Heckengehölze reichlich mit Nährstoffen zu versorgen. Am besten hebt man für die künftige Hecke einen Graben aus und füllt diesen mit nährstoffreicher, humoser Erde. Je nach Art und Größe der Pflanzen wird der Graben zwischen 50–80 cm breit und 30–50 cm tief ausgehoben. Besonders bei schweren Böden ist darauf zu achten, dass die Grabensohle aufgelockert wird und somit überschüssiges Wasser abfließen kann. Bei verdichteten Böden kann es sonst zu Staunässe innerhalb des Grabens kommen.

Bodendecker

Unter den Nadelgehölzen gibt es einige Gattungen mit hervorragenden Bodendeckern. Sie können als Unterpflanzung größerer Gehölze oder als Flächendecker in öffentlichen Anlagen, auf Böschungen und Rabatten eingesetzt werden. Darüber hinaus empfehlen sie sich zur Bepflanzung von Grabanlagen oder Pflanzgefäßen.

Zur Unterpflanzung von Gehölzen ist besonders die Tafel-Eibe *(Taxus baccata* 'Repandens'*)* geeignet, da sie gut schattenverträglich ist und auch dem Wurzeldruck größerer Bäume standhält. Die meisten Bodendecker findet man in der Gattung *Juniperus* (Wacholder). Einige unter ihnen, wie *Juniperus horizontalis* 'Wiltonii' oder *Juniperus procumbens* 'Nana' zeichnen sich durch eine sehr flexible Verzweigung aus. Setzt man diese in Kübel und Tröge oder auf Mauerkronen, hängen ihre Triebe elegant über und wachsen senkrecht herab.

Düfte genießen

Viele Koniferen verströmen einen sehr angenehmen und aromatischen Duft. Verantwortlich für die meist harzigen oder fruchtig-aromatischen Düfte sind die in Nadeln, Trieben und Rinde enthaltenen ätherischen Öle. Diese nimmt man besonders wahr, wenn man die Nadeln zwischen den Fingern zerreibt. Am intensivsten duften Douglasie, Tanne und Zeder. Etwas weniger intensiv treten die Düfte bei Fichte und Kiefer auf. Wacholder, Scheinzypresse und Lebensbaum lassen sich getrocknet gut verräuchern: Ein paar Zweige auf die Glut von Grill oder Feuerkorb bringen einen aromatischen Rauch hervor, der in vielen Regionen der Welt auch Bestandteil spiritueller Zeremonien ist.

Nadelgehölze auf Balkon und Terrasse

Wer nur einen Balkon oder eine Terrasse zur Verfügung hat, für den sind immergrüne Koniferen eine perfekte Begleitung. Es gibt zahlreiche Sorten, die sich wunderbar in Töpfen und Kübeln oder auch in größeren Pflanzgefäßen auf Dachgärten kultivieren lassen. Ob Kiefern oder Wacholder für sonnige und gar windige Plätze oder Fichten und Tannen für feuchtere Ecken im Halbschatten – für alle Standorte gibt es eine passende Art beziehungsweise Sorte.

Die verwendeten Gefäße müssen unbedingt frostsicher sein. Als Materialien eignen sich Keramik, Ton, Kunststoff oder Holz mit einem Kunststoffeinsatz. Ausreichend Platz für die Entwicklung der Wurzeln sowie reichlich Bodenlöcher für einen guten Wasserabzug sind optimale Voraussetzungen für gutes Gedeihen. Da nach einigen Jahren umgepflanzt werden muss, verwendet man Pflanzgefäße in zylindrischer oder konischer Form, so dass der durchwurzelte Ballen leichter herausgenommen werden kann. Die Erde sollte von stabiler Struktur mit guter Luft- und Wasserführung sein. Ist das verwendete Substrat nicht aufgedüngt, müssen 3–5 g Volldünger pro Liter Erde zugesetzt werden. In den Folgejahren gibt man im April eine Gabe von etwa 3 Gramm pro Liter Erde in Form eines langsam fließenden Volldüngers. Das können Langzeitdünger, aber auch organische Dünger wie Hornspäne sein. Da die Kübel nur ein begrenztes Erdreich zur Verfügung haben, muss immer auf ausreichend Feuchtigkeit geachtet werden, wobei Nadelgehölze nicht täglich gegossen werden müssen. Wichtig ist es, auch im Winter die Wasserversorgung zu überprüfen, damit vor allem die immergrünen Nadelgehölze nicht unter Frosttrocknis leiden. Um Frostschäden an den Wurzeln der Gehölze zu vermeiden, empfiehlt sich der Schutz der Gefäße mit einer dicken Schicht Luftpolsterfolie oder das Abdecken mit Laub. So durchfrieren die Gefäße nicht so schnell und die Pflanzen können sich länger mit dem notwendigen Wasser versorgen.

Formgehölze

In den letzten Jahren wurden Formgehölze immer beliebter und haben mittlerweile einen festen Platz in unseren Gärten gefunden. Die beliebtesten Formen sind einerseits Kugeln, Kegel oder Quader und andererseits sogenannte Asien-Formen. Bei beiden sind schon in der Jugend regelmäßige Schnitt- und Formierungsmaßnahmen notwendig. Für einfache geometrische Formen werden rechtzeitig die gewünschten Proportionen herausgearbeitet. Hat das Gehölz das endgültige Aussehen erlangt, braucht es einen regelmäßigen Erhaltungsschnitt. Dabei ist es besonders wichtig, den oberen Pflanzenbereich stark genug zu beschneiden, damit die Pflanze nicht „kopflastig“ wird. Bei zu wenig Schnitt drohen die unteren Astpartien schnell zu verkahlen und unansehnlich zu werden. Unter den Nadelgehölzen lässt sich die Eibe am besten erziehen.

Großen Anklang finden mittlerweile auch die nach asiatischem Vorbild geschnittenen Nadelgehölze. Sie werden häufig als Bonsai-Formen, Big-Bonsai oder handgestaltete Formen bezeichnet. Genutzt werden dafür in erster Linie Kiefern, Eiben, Scheinzypressen oder die Bastardzypresse. Viele werden als Pompon-Formen erzogen und sind wahrscheinlich von den in Thailand, Süd-China und anderen südostasiatischen Ländern beliebten Wolkenformen inspiriert. Für die bei uns geschnittenen Kiefern dienen eher die in Japan als „Niwaki“ bezeichneten, malerischen Pflanzen als Vorbild. Sie werden dabei so formiert, dass sie an Bonsais erinnern, aber wesentlich größer sind. Durch Schnitt und Stäben oder Binden der Zweige wird eine malerische Grundform geschaffen, deren junge Triebe an den Enden zu dichten Kissen geschnitten werden.

Die meisten in Deutschland angebotenen Asien-Formen lassen sich nicht eindeutig der Pompon- oder Bonsai-Form zurechnen, da die individuellen Wünsche sehr unterschiedlich sind. Die Ansprüche an Schnitt und Pflege sind aber bei beiden relativ hoch. Zeitpunkt und Häufigkeit des Schneidens sind abhängig von der verwendeten Art. Kiefern werden nur einmal jährlich im Frühjahr geschnitten: Die jungen Maitriebe („Kerzen") kürzt man, wenn sie fast ihre vollständige Länge erreicht haben, im Mai mit der Heckenschere mindestens um die Hälfte ein oder bricht sie mit der Hand aus. Nur an den Bruch- oder Schnittstellen junger, weicher Triebe bilden sich neue Knospen. Je nachdem, wie viel Zuwachs erwünscht ist, können die Kerzen bis auf wenige Millimeter eingekürzt werden. Eiben schneidet man ebenfalls einmal im Jahr, am besten im Juli/August. Bei jungen und starkwüchsigen Pflanzen, wie Schein- oder Bastardzypressen, kann ein zweimaliger Schnitt im Mai/Juni und im September notwendig sein.

Nadelgehölze mit giftigen Pflanzenteilen

Einige Nadelgehölze besitzen Inhaltsstoffe, die Vergiftungserscheinungen beim Menschen hervorrufen können. Die betroffenen Pflanzenteile und die Stärke der Giftigkeit sind bei den Arten sehr unterschiedlich. Die nachfolgende Tabelle enthält eine allgemeine Auflistung der Nadelgehölze mit giftigen Inhaltsstoffen. In besiedelten Gebieten, insbesondere bei der Planung von Kinderspielplätzen, kann dies eine Entscheidungshilfe sein. In der freien Natur sollte es in der Regel keine Einschränkungen bei der Nutzung dieser Arten geben.

Art / Sorte	Grad der Giftigkeit	Bemerkungen
Chamaecyparis in Arten und Sorten	+	
x *Cupressocyparis*	+	
Juniperus horizontalis	+++	
Juniperus x *media*	+++	
Juniperus sabina	+++	Besonders Zweigspitzen
Juniperus virginiana	+++	

Art / Sorte	Grad der Giftigkeit	Bemerkungen
Microbiota decussata	+	
Taxus in Arten und Sorten	+++	Außer roter Samenmantel, besonders Nadeln Auch für Pferde und Rinder gefährlich
Thuja in Arten und Sorten	+++	Auch für Tiere, insbesondere Pferde gefährlich

Zeichenerklärung: +++ = sehr stark giftig / ++ = stark giftig / schwach giftig

Gehölzsichtung – Beurteilung neuer Sorten

In den letzten Jahren und Jahrzehnten hat sich das Sortiment an Nadelgehölzen außerordentlich erweitert und verändert. Durch Züchtung und Selektion entstanden neue Sorten, die sich in Wuchsform, Wuchsstärke, Nadelfarbe oder Standortansprüchen vom bisherigen Sortiment unterscheiden. Nadelgehölzsortimente kann man in Arboreten und botanischen Gärten besichtigen. Eines der umfangreichsten Nadelgehölzsortimente zeigt z. B. der Park der Gärten in Bad Zwischenahn (www.park-der-gaerten.de). Daneben gibt es viele spezialisierte Baumschulen, die eindrucksvolle Schaugärten angelegt haben, in denen man sich Inspirationen für den eigenen Garten holen kann. Um den Zier- und Neuheitswert von Gehölzsorten objektiv beurteilen zu können, wurde auf Initiative des Bundes deutscher Baumschulen (BdB) 1980 der Arbeitskreis Gehölzsichtung gegründet. In Zusammenarbeit mit dem Bundessortenamt befasst man sich hier mit der Prüfung und Bewertung neuer Sorten. Diesem Arbeitskreis sind deutschlandweit mittlerweile 14 Standorte angeschlossen, so dass auf breiter ökologischer Basis eine mehrjährige Prüfung von Gehölzsorten durchgeführt werden kann. Bewertet werden wichtige Merkmale, wie Wüchsigkeit, Frosthärte oder Widerstandsfähigkeit gegen Krankheiten und Schädlinge. Diese Bewertungen tragen dazu bei, dass anfällige und weniger robuste Sorten zunehmend durch hochwertige und widerstandsfähige Formen ersetzt werden. Weitere Informationen: www.gehoelzsichtung.de

Foto: siehe Impressum

Rhododendron – überwältigende Blütenpracht

Der Name Rhododendron hat seinen Ursprung in der griechischen Sprache und setzt sich zusammen aus *rhodon* = Rose und *dendron* = Baum. Und ein in voller Blüte stehender Rhododendron macht seinem Namen „Rosenbaum" alle Ehre. Der überwältigende Blütenreichtum gepaart mit Reinheit und beeindruckender Leuchtkraft der Blütenfarben bringt jeden Pflanzenliebhaber ins Schwärmen.

Der Ursprung und die Hauptverbreitung dieses faszinierenden Blühgehölzes liegen in Asien, doch heute ist auch in Europa das Angebot an Rhododendronsorten fast unüberschaubar groß. Das liegt daran, dass Anfang des 19. Jahrhunderts durch gezielte Züchtungen Rhododendron-Hybriden geschaffen wurden, die unter europäischen Bedingungen gepflanzt werden können. Das Zuchtziel ist die Kultivierung von optisch ansprechenden und vor allem klimatisch widerstandsfähigen Sorten. So wurde durch planvolle Kreuzungen eine ständige Verbesserung der Winterhärte und Blütenpracht erreicht.

Ob als Solitär, Gruppe oder als Hecke, Rhododendron sind als Gartenelement und auch im öffentlichen Grün unverzichtbar.

Großblumige Rhododendron-Hybriden

Unter diesem Sammelbegriff der gärtnerisch besonders wichtigen Gruppe wird eine Vielzahl von großblütigen Hybriden (Kreuzungen) zusammengefasst, deren Eigenschaften in Abhängigkeit von den bei der Entstehung beteiligten Arten und Sorten variieren.

Alle Sorten sind immergrün, ihre meist dunkelgrünen und länglich ovalen Blätter sind größer als bei den anderen Hybriden. Das gilt auch für ihre Blütenstutze, die oft aus über 20 großen Einzelblüten bestehen.

Die Blütezeit erstreckt sich je nach Sorte überwiegend von März bis Juli, die meisten Sorten blühen in der zweiten Maihälfte. Die Farbskala der Blüten reicht von Weiß über Gelb, Orange, Rosa, Rot, Violett bis Dunkellila.

Die Pflanzenhöhe kann sehr unterschiedlich sein. 1–5 m werden von alten Pflanzen gut erreicht.

Als Einzelpflanzen oder in Gruppen wachsen sie in Gärten oder Parkanlagen. Für Hausgärten sind besonders die vielen neueren Züchtungen geeignet, da sie meist kompakter im Wuchs sind und besonders farbenfroh und reich blühen. Zur Blütezeit dominieren sie ganze Gartenbereiche und lassen andere Pflanzen in den Hintergrund treten. Einige Sorten sind besonders gut für Abpflanzungen zum Sichtschutz, für freiwachsende oder streng geschnittene Hecken geeignet. Großblumige Rhododendron-Hybriden bilden das Gerüst und den Hintergrund vieler Gartensituationen.

© Ehsen

'Abba'

Herkunft: Züchtung: Klaus Stöckmann, 1998 eingeführt
Blüte: Rubinrot, kleine braune Punkt-Zeichnung, Einzelblüte 6,5 cm Durchmesser, Blütenstutz bestehend aus 13–21 Blüten, Blütezeit: Mitte Mai bis Anfang Juni
Blatt: Dunkelgrünes Laub, gedreht
Wuchs: Breit aufrecht, dicht; Höhe (10 Jahre) etwa 160 cm, Breite (10 Jahre) etwa 160 cm
Winterhärtezone: 5
Bemerkung: Mutation von 'Nova Zembla' mit dickeren und stabileren Trieben

© LWK Nds.

'Balalaika'

Herkunft: Züchtung: Hans Hachmann, 1987 eingeführt
Blüte: Orangefarben mit rötlich-rosa Saum, innen hellgelb mit tieforangegelber Zeichnung, Einzelblüte 6–7 cm Durchmesser, lockerer Blütenstutz, bestehend aus 6–10 Blüten, Blütezeit: Anfang Juni bis Mitte Juni
Blatt: Mittelgrünes Laub
Wuchs: Dicht breit-kompakt; Höhe (10 Jahre) etwa 80 cm, Breite (10 Jahre) etwa 120 cm
Winterhärtezone: 6a
Bemerkung: Reizvolle, außergewöhnliche Blütenfarbe

Foto: siehe Impressum

© Hachmann

Belami®

Herkunft: Züchtung: Hans Hachmann, 2001 eingeführt
Blüte: Rosig weiß mit auffallender, kirschroter Zeichnung, große Einzelblüte mit 8–9,5 cm Durchmesser, Blütenstutz bestehend aus 12–13 Blüten, Blütezeit: Mitte Mai bis Anfang Juni
Blatt: Tiefgrünes Laub, elliptisch
Wuchs: Breit-rund, Höhe (10 Jahre) etwa 140 cm, Breite (10 Jahre) etwa 160 cm
Winterhärtezone: 6a
Bemerkung: Freundliches, zweifarbiges Farbkolorit

Foto: siehe Impressum

'Belkanto'®

Herkunft: Züchtung: Hans Hachmann, 1988 eingeführt
Blüte: Im Aufblühen goldgelb, außen orange getönt, innen zitronengelb, Zeichnung auf grünlich gelbem Grund kräftig olivfarben, Blütenrand leicht gewellt, Einzelblüte 6,5–8 cm Durchmesser, Blütenstutz bestehend aus 14–17 Blüten, Blütezeit: Mitte Mai bis Anfang Juni
Blatt: Mittelgrünes Laub, leicht gewölbt
Wuchs: Breit-rund, kompakt, Höhe (10 Jahre) etwa 110 cm, Breite (10 Jahre) etwa 140 cm
Winterhärtezone: 6a
Bemerkung: Seltene Blütenfarbe, Blüte lange haltbar

'Berliner Liebe'

Herkunft: Züchtung: Wilhelm Bruns, 1985 eingeführt
Blüte: Leuchtend rot, im Innern rosarot mit weinroter Zeichnung, Saum leicht gewellt, Einzelblüte 6,5–7 cm Durchmesser, Blütenstutz bestehend aus 11–15 Blüten, Blütezeit: 2. Hälfte Mai
Blatt: Dunkelgrünes, stark glänzendes Laub, Blätter unterseitig kupfrig metallisch getönt
Wuchs: Rund-kompakt und dicht, Höhe (10 Jahre) etwa 160 cm, Breite (10 Jahre) 160 cm
Winterhärtezone: 7a
Bemerkung: Unanfällig gegen Knospensterben, etwas sonnenbrandgefährdet

'Blutopia'

Herkunft: Züchter: Hans Hachmann, 1988 eingeführt
Blüte: Purpurviolett, innen aufgehellt mit großem olivgrünem Fleck, Einzelblüte großblumig, 7–9 cm Durchmesser, Blütenstutz bestehend aus 10–12 Blüten, Blütezeit: Mitte Mai bis Anfang Juni
Blatt: Dunkelgrünes Laub, leicht glänzend
Wuchs: Breit aufrecht, Höhe (10 Jahre) etwa 150 cm, Breite (10 Jahre) etwa 140 cm
Winterhärtezone: 6a
Bemerkung: Blüht früher als viele andere Catawbiense-Hybriden

Foto: siehe Impressum

'Brasilia' (syn. 'Hachmann's Brasilia')

Herkunft: Züchtung: Hans Hachmann, 1982 eingeführt

Blüte: Außen orange und rosa geflammt, innen orange-gelb, im Verblühen zu Cremeorange aufhellend, Einzelblüte 6–7 cm Durchmesser, Blütenstutz bestehend aus 14–18 Blüten, Blütezeit: 2. Hälfte Mai

Blatt: Mittelgrünes Laub

Wuchs: Breit-rund bis aufrecht; Höhe (10 Jahre) etwa 120 cm, Breite (10 Jahre) etwa 140 cm

Winterhärtezone: 6a

Bemerkung: Dreifarbige Besonderheit

Foto: siehe Impressum

'Brigitte'

Herkunft: Züchtung: Hans Hachmann, 1980 eingeführt

Blüte: Außen und Blütensaum zartrosa, nach innen weiß mit kräftiger gelbgrüner Zeichnung, Einzelblüte 6–9 cm Durchmesser; Blütenstutz bestehend aus 14–18 Blüten; Blütezeit: Mitte Mai bis Anfang Juni

Blatt: Dunkelgrünes, sehr ansprechendes, leicht glänzendes Laub, feine silbrig braune Behaarung

Wuchs: Breit-rund, dicht kompakt, Höhe (10 Jahre) etwa 120 cm, Breite (10 Jahre) etwa 150 cm

Winterhärtezone: 6a

Bemerkung: Als Insigne-Hybride nicht anfällig gegen Knospensterben, setzt schon als kleine Pflanze gut Blütenknospen an

'Brokat'

Herkunft: Züchtung: Wilhelm Bruns, 2003 eingeführt
Blüte: Im Aufblühen dunkles, samtiges Rot, später dunkelpurpurrot, innen heller mit schwarzroter Zeichnung, weiße Staubgefäße
Blatt: Frischgrünes Laub, Blattstiele und Laubaustrieb rötlich
Wuchs: Breit aufrecht, Höhe (10 Jahre) etwa 120 cm, Breite (10 Jahre) etwa 150 cm
Winterhärtezone: 6a
Bemerkung: Neuheit mit außergewöhnlich dunkler Blütenfarbe

© Bruns

Caruso®

Herkunft: Züchtung: Hans Hachmann, 2001 eingeführt
Blüte: Purpurrot, weinrote Zeichnung, Einzelblüte 9–10 cm Durchmesser, Blütenstutz besteht aus 12 Blüten, Blütezeit: Mitte Mai bis Anfang Juni
Blatt: Dunkelgrünes Laub, glänzend
Wuchs: Rund-kompakt; Höhe (10 Jahre) etwa 110 cm, Breite (10 Jahre) etwa 130 cm
Winterhärtezone: 6a
Bemerkung: Sehr große Blüten

© Hachmann

© Hachmann

'Catawbiense Boursault'

Herkunft: Züchtung: Boursault, vor 1850 entstanden
Blüte: Lila-purpurlila, schwach gelbgrüne Zeichnung, Einzelblüte 5,5–7 cm Durchmesser, Blütenstutz bestehend aus 15–18 Blüten, Blütezeit: Ende Mai bis Mitte Juni
Blatt: Dunkelgrünes Laub
Wuchs: Rund bis breit aufrecht, Höhe (10 Jahre) etwa 180 cm, Breite (10 Jahre) etwa 220 cm
Winterhärtezone: 5
Bemerkung: Sehr winterharte, altbekannte Sorte, die gute Solitärpflanzen bildet

Foto: siehe Impressum

'Catawbiense Grandiflorum'

Herkunft: Züchtung: Anthony Waterer, GB, vor 1850 entstanden
Blüte: Helllila, innen goldbraune Zeichnung, Einzelblüte 5–6,5 cm Durchmesser, Blütenstutz bestehend aus 15–18 Blüten, Blütezeit: Ende Mai bis Anfang Juni
Blatt: Dunkelgrünes, dichtes Laub, leicht glänzend, leicht gewölbt
Wuchs: Breit rund bis breit aufrecht, Höhe (10 Jahre) etwa 180 cm, im Alter bis 400 cm werdend, Breite (10 Jahre) etwa 220 cm
Winterhärtezone: 5
Bemerkung: Alte, sehr winterharte Sorte

Château de Villandry®

© Bruns

Herkunft: Züchtung: Wilhelm Bruns, 2008 eingeführt
Blüte: Weiß bis cremegelblich, rosa angehaucht, auf dem oberen Kronblatt goldbraun gezeichnet, Blütezeit: Mitte Mai bis Anfang Juni
Blatt: Mittelgrünes Laub, eiförmig lanzettlich
Wuchs: Breit aufrecht, kompakt, Höhe (10 Jahre) etwa 120 cm, Breite (10 Jahre) etwa 140 cm
Winterhärtezone: 6b
Bemerkung: Neueinführung mit auffälliger Farbkombination

Cherry Kiss®

© Hachmann

Herkunft: Züchtung: Hans Hachmann, 2009 eingeführt
Blüte: Leuchtend kirschrot, dunkelrote Zeichnung, Einzelblüte 7 cm Durchmesser, Blütenstutz besteht aus 13–19 Blüten, Blütezeit: Mitte Mai bis Anfang Juni
Blatt: Mittel- bis dunkelgrünes Laub, stark glänzend
Wuchs: Dicht breit aufrecht, Höhe (10 Jahre) etwa 120 cm, Breite (10 Jahre) etwa 150 cm
Winterhärtezone: 5
Bemerkung: Neuheit mit kräftiger Blütenfarbe und stark glänzendem Laub

Foto: siehe Impressum

'Cunningham's White'

Herkunft: Züchtung: J. Cunningham, (GB), um 1830 entstanden
Blüte: Im Aufblühen schwach rosa, dann reinweiß, innen mit zartgelber oder gelbbrauner Zeichnung, Blütenstand locker, Einzelblüte 5,5 cm Durchmesser, Blütenstutz bestehend aus 9–13 Blüten, Blütezeit: 1. Hälfte Mai
Blatt: Mittelgrünes Laub, leicht glänzend
Wuchs: Breit-rund, kompakt, Höhe (10 Jahre) etwa 140 cm, ausgewachsen bis 300 cm, Breite (10 Jahre) etwa 160 cm
Winterhärtezone: 5
Bemerkung: Bekannte und robuste, gut für Hecken geeignete Sorte

Foto: siehe Impressum

'Dagmar'

Herkunft: Züchtung: Bohumil Kavka, (CR), 1929 entstanden
Blüte: Im Aufblühen hellrosa, innen rosig weiß mit grüngelber Zeichnung, leicht süß duftend, Einzelblüte großblumig, 7–8,5 cm Durchmesser, Blütenstutz bestehend aus 12–14 Blüten, Blütezeit: 2. Hälfte Mai
Blatt: Dunkelgrünes Laub, glänzend
Wuchs: Dicht kompakt bis breit aufrecht, Höhe (10 Jahre) etwa 140 cm, Breite (10 Jahre) etwa 160 cm
Winterhärtezone: 5
Bemerkung: Robuste Decorum-Hybride mit leichtem Duft

'Diadem' (syn. 'Hachmann's Diadem')

Foto: siehe Impressum

Herkunft: Züchtung: Hans Hachmann, 1983 eingeführt
Blüte: Hellrubinrosa mit lila Tönung, innen auffallend großer weinroter Fleck, Blütensaum leicht gekräuselt, Einzelblüte großblumig, 6–8,5 cm Durchmesser, Blütenstutz bestehend aus 9–12 Blüten, Blütezeit: Ende Mai bis Mitte Juni
Blatt: Tief dunkelgrünes Laub, glänzend
Wuchs: Dicht rund, kompakt, Höhe (10 Jahre) etwa 110 cm, Breite (10 Jahre) etwa 140 cm
Winterhärtezone: 6a
Bemerkung: Winterhärter als 'Furnivall's Daughter', benötigt zum guten Gedeihen einen leicht schattigen Standort

'Erato'Ⓢ

Foto: siehe Impressum

Herkunft: Züchtung: Hans Hachmann, 1988 eingeführt
Blüte: Tiefrot, nicht verblauend, innen mit schwarzroter Zeichnung, Blüten glockenförmig weit offen, Saum etwas gekraust, Einzelblüte großblumig, 7–8 cm Durchmesser, Blütenstutz bestehend aus 14–17 Blüten, Blütezeit: Mitte Mai bis Ende Mai
Blatt: Mittelgrünes Laub, leicht gewölbt
Wuchs: Breit kompakt, Höhe (10 Jahre) etwa 120 cm, Breite (10 Jahre) etwa 140 cm
Winterhärtezone: 6a
Bemerkung: Eine der schönsten tiefroten Hybriden

Foto: siehe Impressum

'Furnivall's Daughter'

Herkunft: Züchtung: Knap Hill Nursey, (GB), vor 1948 entstanden
Blüte: Hellrosa, innen mit großer weinroter Zeichnung, Blütenblätter weit offen, Einzelblüte großblumig, 6–7,5 cm Durchmesser; Blütenstutz bestehend aus 11–16 Blüten, Blütezeit: Mitte Mai bis Anfang Juni
Blatt: Großes, mittelgrünes Laub
Wuchs: Breit aufrecht, etwas locker; Höhe (10 Jahre) etwa 160 cm, Breite (10 Jahre) etwa 180 cm
Winterhärtezone: 7a
Bemerkung: Aparte Blüte, Winterschutz ist bei ungünstigen Standorten empfehlenswert

Foto: siehe Impressum

'Germania'®

Herkunft: Züchtung: Dietrich G. Hobbie, 1983 eingeführt
Blüte: Großblumig tiefrosa, im Inneren weißlich aufgehellt, kleine rotbraune Zeichnung, Saum gewellt, Einzelblüte sehr großblumig, 7–9 cm Durchmesser, Blütenstutz bestehend aus 13–17 Blüten, Blütezeit Mitte Mai bis Anfang Juni
Blatt: Großes, mittelgrünes Laub
Wuchs: Breit rund, Höhe (10 Jahre) etwa 150 cm, Breite (10 Jahre) etwa 180 cm
Winterhärtezone: 6a
Bemerkung: Sehr großer Blütenstutz

'Genoveva'

Herkunft: Züchtung: T. J. R. Seidel, 1918 eingeführt
Blüte: Weiß, schwach lila getönt, im Schlund intensiv grüngelb gezeichnet, Saum schwach gekräuselt; Einzelblüte 5–7 cm Durchmesser, Blütenstutz besteht aus 11–18 Einzelblüten; Blütezeit: Ende Mai bis Mitte Juni
Blatt: Dunkelgrünes, längliches Laub
Wuchs: Breit aufrecht, kompakt, Höhe (15 Jahre) etwa 120 cm, Breite (15 Jahre) etwa 140 cm
Winterhärtezone: 5
Bemerkung: Alte, sehr winterharte Seidel-Sorte mit ausdrucksvoller Blüte

© Hachmann

'Goldbukett'

Herkunft: Züchtung: Hans Hachmann, 1980 eingeführt
Blüte: Cremegelb, außen schwach rosa getönt, Knospe kupfrig gelb, innen mit rotbrauner Zeichnung, Einzelblüte 5–6 cm Durchmesser, Blütenstutz bestehend aus 12–14 Blüten, Blütezeit: 2. Hälfte Mai
Blatt: Mittelgrünes Laub, leicht gewölbt
Wuchs: Breit rund, kompakt, dicht geschlossen, Höhe (10 Jahre) etwa 110 cm, Breite (10 Jahre) etwa 130 cm
Winterhärtezone: 6a
Bemerkung: Wärme im Juli/August sorgt für regelmäßigen Knospenbesatz, bewährte, robuste gelbe Sorte

Foto: siehe Impressum

© Hachmann

Goldinetta®

Herkunft: Züchtung: Hans Hachmann, 2001 eingeführt
Blüte: Hellgelb, Einzelblüte 6–7 cm Durchmesser, Blütenstutz besteht aus 12–14 Blüten, Blütezeit: Anfang Mai bis Mitte/Ende Mai
Blatt: Dunkelgrünes, eiförmiges Laub, gewölbt, leicht glänzend
Wuchs: Breit aufrecht, Höhe (10 Jahre) etwa 110 cm, Breite (10 Jahre) etwa 130 cm
Winterhärtezone: 6a
Bemerkung: Gut winterhart und blattgesund

Foto: siehe Impressum

'Gomer Waterer'

Herkunft: Züchtung: J. Waterer, (GB), vor 1900 entstanden
Blüte: Offen reinweiß, in Knospe zartlila bis rosa, gelbgrüne Zeichnung, Einzelblüte 6–7,5 cm Durchmesser, Blütenstutz bestehend aus 9–15 Blüten, Blütezeit: Ende Mai bis Anfang Juni
Blatt: Großes, dunkelgrünes Laub, leicht glänzend
Wuchs: Breit aufrecht, Höhe (10 Jahre) etwa 160 cm, Breite (10 Jahre) etwa 180 cm
Winterhärtezone: 6a
Bemerkung: Altbewährte, winterharte Sorte mit gesundem Laub

GRAFFITO®

Herkunft: Züchtung: Hans Hachmann, 1998 eingeführt
Blüte: Im Aufblühen zartrosa, dann rosig weiß mit großer, fleckartiger, brombeerfarbener Zeichnung, Einzelblüte 6,5–8 cm Durchmesser, Blütenstutz bestehend aus 17–19 Blüten, Blütezeit: Anfang Juni bis Mitte Juni
Blatt: Glänzend dunkelgrünes Laub, schmal elliptisch
Wuchs: Aufrecht, Höhe (10 Jahre) etwa 140 cm, Breite (10 Jahre) etwa 160 cm
Winterhärtezone: 5
Bemerkung: Blütenfarbe im Halbschatten besonders haltbar

© Hachmann

'Hachmann's Charmant'®

Herkunft: Züchtung: Hans Hachmann, 1991 eingeführt
Blüte: Dreifarbig, innen reinweiß mit hellrotem Saum, auf dem obersten Kronblatt mit großem rotem Fleck, Einzelblüte großblumig, 7,5–9 cm Durchmesser, Blütenstutz bestehend aus 17–19 Blüten, Blütezeit: Mitte Mai bis Anfang Juni
Blatt: Mittelgrünes, großes Laub
Wuchs: Dichter, breit-runder Wuchs, Höhe (10 Jahre) etwa 110 cm, Breite (10 Jahre) etwa 130 cm
Winterhärtezone: 5
Bemerkung: Ausdrucksvolle Blütenzeichnung, lange Blütezeit

Foto: siehe Impressum

Foto: siehe Impressum

'Hachmann's Feuerschein'®

Herkunft: Züchtung: Hans Hachmann, 1978 eingeführt
Blüte: Reinrot, in der Knospe schwarzrot, erblüht leuchtend rot, innen schwache braune Zeichnung, Einzelblüte großblumig, 7–8,5 cm Durchmesser, Blütenstutz bestehend aus 12–15 Blüten, Blütezeit: Ende Mai bis Mitte Juni
Blatt: Großes, dunkelgrünes Laub, leicht glänzend
Wuchs: Breit aufrecht, Höhe (10 Jahre) etwa 140 cm, Breite (10 Jahre) etwa 160 cm
Winterhärtezone: 6a
Bemerkung: Stets reichblühend, klares Rot

© Hachmann

'Hachmann's Picobello'®

Herkunft: Züchtung: Holger Hachmann, 2004 eingeführt
Blüte: Strahlend weiß, tiefroter Fleck, Saum gewellt, Einzelblüte 7,5–8,5 cm, Blütenstutz mit 11 Blüten, Blütezeit: Mitte Mai bis Anfang Juni
Blatt: Glänzend dunkelgrünes Laub
Wuchs: Kompakt, breit rund, Höhe (10 Jahre) etwa 90 cm, Breite (10 Jahre) etwa 120 cm
Winterhärtezone: 5
Bemerkung: Neuzüchtung mit auffälligem Blütenfleck

Hans Hachmann®

© Hachmann

Herkunft: Züchtung: Holger Hachmann, 2009 eingeführt
Blüte: Weiße, sternenförmige Mitte, kräftig dunkelpurpurvioletter Saum, weinrotes Auge, Einzelblüte 7–8,5 cm Durchmesser, Blütenstutz bestehend aus 11–22 Blüten, Blütezeit: Mitte Mai bis Ende Mai
Blatt: Glänzend dunkelgrünes Laub, leicht nach unten gebogen
Wuchs: Breit aufrecht, etwas locker, Höhe (10 Jahre) etwa 130 cm, Breite (10 Jahre) etwa 150 cm
Winterhärtezone: 6a
Bemerkung: Auffällige Blütenfarbkombination, ein halbschattiger Standort verlängert die Blütezeit

'Herbstfreude'

© Hachmann

Herkunft: Züchtung: Hans Hachmann, 1995 eingeführt
Blüte: Zartrosig weiß, hellrosa Kronblatt, tief bis in den Schlund hinabreichende brombeerfarbene Zeichnung, Blütezeit: Ende Mai bis Anfang Juni, bei warmer Witterung etwa ein Drittel der Blüten bereits Mitte September bis Anfang Oktober
Blatt: Hellgrünes Laub
Wuchs: Breit aufrecht, Höhe (10 Jahre) etwa 120 cm, Breite (10 Jahre) etwa 140 cm
Winterhärtezone: 6a
Bemerkung: Sorte mit außergewöhnlicher Blütezeit

© LWK Nds.

Inkarho®-Dufthecke Lila

Herkunft: Züchtung: Walter Preil & R. Ebbinghaus, 2006 eingeführt
Blüte: Helllila, grünlich gelb gezeichnet, bei warmer Witterung duftend, Einzelblüte 6,5–8 cm Durchmesser, Blütenstutz besteht aus 10 Blüten, Blütezeit: Anfang bis Ende Mai
Blatt: Glänzend dunkelgrünes Laub, elliptisch, etwas gewellt
Wuchs: Breit aufrecht, kräftig, Höhe (10 Jahre) etwa 140 cm, Breite (10 Jahre) etwa 140 cm
Winterhärtezone: 6a
Bemerkung: Kalktolerante (bis pH 6,5), gut für Heckenpflanzen geeignete Neuzüchtung

© Hachmann

Inkarho®-Dufthecke Weiss

Herkunft: Züchtung: Walter Preil & R. Ebbinghaus, 2000 eingeführt
Blüte: Weiß, grünlich gelb gezeichnet, bei warmer Witterung duftend, Einzelblüte 6, 5–8 cm Durchmesser, Blütenstutz bestehend aus 10 Blüten, Blütezeit: Anfang bis Ende Mai
Blatt: Glänzend dunkelgrün, elliptisch, etwas gewellt
Wuchs: Breit aufrecht, kräftig, Höhe (10 Jahre) etwa 140 cm, Breite (10 Jahre) etwa 140 cm
Winterhärtezone: 6a
Bemerkung: Kalktolerante (bis pH 6,5), gut für Heckenpflanzen geeignete Sorte

'Junifeuer'

Herkunft: Züchtung: Hans Hachmann, 1983 eingeführt
Blüte: Leuchtend blutrot, innen rosaweiß, ockergelb gezeichnet, Einzelblüte 7–9,5 cm Durchmesser, Blütenstutz bestehend aus 11–15 Blüten, Blütezeit: Anfang bis Mitte/Ende Juni
Blatt: Im Austrieb dunkelrotes Laub, später dunkelgrün
Wuchs: Breit aufrecht, Höhe (10 Jahre) etwa 130 cm, Breite (10 Jahre) etwa 160 cm
Winterhärtezone: 6a
Bemerkung: Schöne Liebhabersorte, die besonders wegen der späten Blütezeit interessant ist

© Hachmann

'Kokardia'®

Herkunft: Züchtung: Hans Hachmann, 1978 eingeführt
Blüte: Hellrubinrosa, innen großer, brombeerroter Fleck, Einzelblüte 4,5–6,5 cm Durchmesser, Blütenstutz bestehend aus 12–16 Blüten, Blütezeit: Mitte Mai bis Anfang Juni
Blatt: Dunkelgrünes Laub
Wuchs: Breit rund, kompakt, Höhe (10 Jahre) etwa 140 cm, Breite (10 Jahre) etwa 160 cm
Winterhärtezone: 6a
Bemerkung: Auffallende schwarzrote Blütenzeichnung

Foto: siehe Impressum

© Hachmann

'Libretto'

Herkunft: Züchtung: Hans Hachmann, 1991 eingeführt
Blüte: Purpurviolett mit olivgrün-bräunlicher Fleckzeichnung, Saum gekräuselt und gewellt, Einzelblüte 7–7,5 cm Durchmesser, Blütenstutz bestehend aus 11–14 Blüten, Blütezeit: Anfang Mai bis Ende Mai
Blatt: Dunkelgrünes Laub
Wuchs: Breit kompakt; Höhe (10 Jahre) etwa 130 cm, Breite (10 Jahre) etwa 150 cm
Winterhärtezone: 5
Bemerkung: Längere Blütezeit und sonnenfester als 'Lee's Dark Purple'

© Hachmann

'Madame Masson'

Herkunft: Züchtung: Bertin (F), 1849 eingeführt
Blüte: Knospen zartlila, aufgeblüht reinweiß, fleckartig gelb gezeichnet, Einzelblüte 6,5 cm Durchmesser, Blütenstutz bestehend aus 10–12 Blüten, Blütezeit: Ende Mai bis Mitte Juni
Blatt: Mittelgrün
Wuchs: Breit aufrecht, Höhe (10 Jahre) etwa 170 cm, Breite (10 Jahre) etwa 180 cm
Winterhärtezone: 6a
Bemerkung: Alte, bewährte Catawbiense-Hybride mit langer Blütezeit

‘Mogambo’

Herkunft: Züchtung: Holger Hachmann, 2004 eingeführt
Blüte: Violett, brombeerschwarze Zeichnung mit cremeweißen Pollensäcken, Einzelblüte 5,5–6 cm, Blütenstutz bestehend aus 12–14 Blüten, Blütezeit: Ende Mai bis Mitte Juni
Blatt: Dunkelgrünes Laub, leicht glänzend
Wuchs: Kräftig breit-rund, Höhe (10 Jahre) etwa 140 cm, Breite (10 Jahre) etwa 160 cm
Winterhärtezone: 6a
Bemerkung: Leuchtend violette Blüte, Verbesserung von ‘Azurro’

© Floramedia

‘Nova Zembla’

Herkunft: Züchtung: M. Koster & Söhne (NL), 1920 eingeführt
Blüte: Rubinrot, schwarze Zeichnung, Einzelblüte 4,5–6,5 cm Durchmesser, Blütenstutz bestehend aus 13–17 Blüten, Blütezeit: letztes Maidrittel bis erstes Junidrittel
Blatt: Dunkelgrünes Laub, leicht glänzend
Wuchs: Starkwüchsig, breit aufrecht, im Alter etwas locker, Höhe (10 Jahre) etwa 170 cm, Breite (10 Jahre) etwa 150 cm
Winterhärtezone: 5
Bemerkung: Alte, bewährte Sorte

Foto: siehe Impressum

Foto: siehe Impressum

'Pearce's American Beauty'

Herkunft: Züchtung: R. Pearce (USA), vor 1940 eingeführt
Blüte: Dunkelrubinrosa, innen goldbraune Zeichnung, leicht gewellter Blütensaum, Einzelblüte 7,5–8,5 cm Durchmesser, Blütenstutz bestehend aus 10–16 Blüten, Blütezeit: Anfang Juni bis Mitte Juni
Blatt: Großes dunkelgrünes Laub, schwach glänzend
Wuchs: Aufrecht, im Alter breit aufrecht, Höhe (10 Jahre) etwa 170 cm, Breite (10 Jahre) etwa 160 cm
Winterhärtezone: 5
Bemerkung: Amerikanische Sorte mit später Blütezeit, bildet schöne Solitärpflanzen

© Hachmann

Pfauenauge®

Herkunft: Züchtung: Hans Hachmann, 1997 eingeführt
Blüte: Hellfliederfarben bis rosa, innen lilaweiß mit tiefburgunderfarbener Zeichnung, Einzelblüte 8,5–9,5 cm, Blütenstutz bestehend aus 12 Blüten, Blütezeit: Ende Mai bis Mitte Juni, bei warmer Witterung Vorblüte im September bis Oktober
Blatt: Tiefgrünes Laub, elliptisch, Blattstiel rötlich
Wuchs: Rund kompakt; Höhe (10 Jahre) etwa 120 cm, Breite (10 Jahre) etwa 150 cm
Winterhärtezone: 6a
Bemerkung: Stattliche Blütengröße, bei warmer Witterung Vorblüte im September/Oktober

‘Pink Purple Dream’ⓢ

Herkunft: Züchtung: Fredo Schröder, 1998 entstanden
Blüte: Helllilarosa, goldgelbe Zeichnung, Einzelblüte 6,5 cm Durchmesser, Blütenstutz bestehend aus 12–21 Blüten, Blütezeit: Mitte Mai bis Anfang Juni
Blatt: Dunkelgrünes, glänzendes Laub
Wuchs: Breit rund, kompakt, Höhe (10 Jahre) etwa 120 cm, Breite (10 Jahre) etwa 150 cm
Winterhärtezone: 5
Bemerkung: Robuste, unkomplizierte und reichblühende Neuzüchtung

© Schröder

‘Polarnacht’

Herkunft: Züchtung: Hans Hachmann, 1987 eingeführt
Blüte: Dunkelviolett, schwarzviolett gezeichnet, hellbraune Staubgefäße, Einzelblüte 6–7 cm Durchmesser, Blütenstutz bestehend aus 12–14 Blüten, Blütezeit: Ende Mai bis Mitte Juni
Blatt: Dunkelgrünes Laub
Wuchs: Dicht kompakt, Höhe (10 Jahre) etwa 110 cm, Breite (10 Jahre) etwa 120 cm
Winterhärtezone: 6a
Bemerkung: Außergewöhnlich dunkle Blütenfarbe

© Hachmann

© Schröder

'Prinses Maxima'

Herkunft: Züchtung: Tijs Huisman (NL), 1996 entstanden
Blüte: Rosa-weiß, auffällige dunkelrote, gepunktete Zeichnung, Blüte doppelt („hose-in-hose"), Blütezeit: erste Maihälfte
Blatt: Dunkelgrünes, glänzendes Laub
Wuchs: Breit aufrecht, starkwüchsig, Höhe (10 Jahre) etwa 150 cm, Breite (10 Jahre) etwa 120 cm
Winterhärtezone: 6b
Bemerkung: Winterharte, großblütige Neuheit mit auffälliger Blütenzeichnung für den Liebhaber des Besonderen

Foto: siehe Impressum

'Progrés' (syn. 'Le Progrés')

Herkunft: Züchtung: unbekannt, 1909 entstanden
Blüte: Hellrubinrosa, später rosig weiß, innen weinrote Zeichnung, Blütensäume gekräuselt, Einzelblüte 5–7,5 cm Durchmesser, Blütenstutz bestehend aus 9–12 Blüten, Blütezeit: erste bis dritte Maiwoche
Blatt: Mittelgrünes Laub
Wuchs: Breit aufrecht, Höhe (10 Jahre) etwa 130 cm, Breite (10 Jahre) etwa 150 cm
Winterhärtezone: 6a
Bemerkung: Ältere, gut bewährte Sorte mit früher Blütezeit

Rabatz®

Herkunft: Züchtung: Hans Hachmann, 2001 eingeführt
Blüte: Strahlend rot, strichartige schwarze Zeichnung, Einzelblüte 7–8 cm, Blütenstutz bestehend aus 9–11 Blüten, Blütezeit: Mitte Mai bis Anfang Juni
Blatt: Dunkelgrünes Laub, elliptisch
Wuchs: Breit aufrecht, Höhe (10 Jahre) etwa 140 cm, Breite (10 Jahre) etwa 180 cm
Winterhärtezone: 6a
Bemerkung: Neuheit mit leuchtend roter Blüte

'Rosabella' (syn. 'Hachmann's Rosabella')

Herkunft: Züchtung: Hans Hachmann, 1987 eingeführt
Blüte: Karminrosa, innen kleine braune Zeichnung, rötlicher, stark gekräuselter Saum, Einzelblüte 5–6,5 cm Durchmesser, Blütenstutz bestehend aus 15–18 Blüten, Blütezeit: Mitte Mai bis Anfang Juni
Blatt: Dunkelgrünes Laub, glänzend
Wuchs: Breit rund, kompakt, Höhe (10 Jahre) etwa 130 cm, Breite (10 Jahre) etwa 140 cm
Winterhärtezone: 5
Bemerkung: Elegante Blütenfarbe

Foto: siehe Impressum

Foto: siehe Impressum

'Rosa Perle'

Herkunft: Züchtung: Wilhelm Bruns, 1975 eingeführt
Blüte: Dunkelrosa, innen hellrosa, Einzelblüte 5–6 cm Durchmesser, Blütenstutz bestehend aus 11–17 Blüten, Blütezeit: Ende Mai bis Anfang Juni
Blatt: Dunkelgrünes Laub, glänzend, Blätter unterseits grüngrau filzig
Wuchs: Breit rund, dicht buschig, Höhe (10 Jahre) etwa 65 cm, Breite (10 Jahre) etwa 110 cm
Winterhärtezone: 6a
Bemerkung: Laubschöne Makinoi-Hybride

© Floramedia

'Roseum Elegans'

Herkunft: Züchtung: Anthony Waterer (GB), vor 1851 entstanden
Blüte: Purpurrosa bis lilarosa, innen schwache rotbraune Zeichnung, Einzelblüte 5,5 cm Durchmesser, Blütenstutz bestehend aus 12–16 Blüten, Blütezeit: Ende Mai bis Mitte Juni
Blatt: Dunkelgrünes Laub, Blattspreite stark gewölbt
Wuchs: Breit aufrecht, Höhe (10 Jahre) etwa 220 cm, im Alter bis 350 cm hoch werdend, Breite (10 Jahre) etwa 230 cm, im Alter bis 400 cm breit werdend
Winterhärtezone: 4
Bemerkung: Alte, sehr winterharte Sorte, gut für Hecken

'Scintillation'

Herkunft: Züchtung: C. O. Dexter (USA), 1958 eingeführt
Blüte: Reinrosa, innen aufgehellt hellrosa bis rosig weiß mit gelbgrüner Zeichnung auf gelbem Fleck, Einzelblüte 5–7,5 cm Durchmesser, Blütenstutz bestehend aus 10–13 Blüten, Blütezeit: Mitte Mai bis Anfang Juni
Blatt: Mittelgrünes großes Laub, glänzend
Wuchs: Breit rund aufrecht, Höhe (10 Jahre) etwa 170 cm, Breite (10 Jahre) etwa 190 cm
Winterhärtezone: 6a
Bemerkung: Bewährte Fortunei-Hybride, lichter Schatten empfehlenswert

'Silberpfeil'

Herkunft: Züchtung: Wilhelm Bruns, 2008 eingeführt
Blüte: Zartlilarosa, schwach dunkelrot gezeichnet, Blütezeit: Mitte Mai bis Anfang Juni
Blatt: Neuer Austrieb und die jungen Blätter mit silbrig weiß filzigem Indumentum, später glänzend dunkelgrün, unterseits silbrig weiß filzig, elliptisch, bis 22 cm lang
Wuchs: Breit rund, aufrecht, starkwüchsig, Höhe (10 Jahre) etwa 180 cm, Breite (10 Jahre) etwa 200 cm
Winterhärtezone: 7a
Bemerkung: Eine außergewöhnliche Neuheit, die fast einen subtropischen Eindruck erweckt

Foto: siehe Impressum

'Simona'

Herkunft: Züchtung: Hans Hachmann, 1978 eingeführt
Blüte: Rosa gestreift, innen cremeweiß mit braunroter Zeichnung, Einzelblüte sehr großblumig, 8,5–9,5 cm Durchmesser, Blütenstutz bestehend aus 11–12 Blüten, Blütezeit: 2. Hälfte Mai
Blatt: Mittelgrünes Laub
Wuchs: Breit aufrecht, Höhe (10 Jahre) etwa 160 cm, Breite (10 Jahre) etwa 170 cm
Winterhärtezone: 6b
Bemerkung: Schönes pastellartiges Farbspiel

© Hachmann

'Spätlese'

Herkunft: Züchtung: Werner Wüstemeyer, 1977 eingeführt
Blüte: Rosa, karminrosa Punktierung, im Schlund zum Basalfleck verdichtet, Einzelblüte 9,5–11 cm Durchmesser, Blütenstutz bestehend aus 11–15 Blüten, Blütezeit: Anfang/Mitte Juni bis Ende Juni
Blatt: Dunkelgrünes, ledriges Laub
Wuchs: Breit aufrecht, Höhe (10 Jahre) etwa 120 cm, Breite (10 Jahre) etwa 130 cm
Winterhärtezone: 6a
Bemerkung: Spätblühende Discolor-Hybride, sehr ähnlich der Sorte 'Hummeltanz'

'Stadt Westerstede'

Herkunft: Züchtung: Jochen Böhlje, 1982 eingeführt
Blüte: Zitronengelb, innen etwas heller mit kleiner, grünlich gelber Zeichnung, Blüten locker überhängend, Einzelblüte 5–7,5 cm Durchmesser, Blütenstutz bestehend aus 10–12 Blüten, Blütezeit: Mitte Mai bis Anfang Juni
Blatt: Olivgrünes Laub
Wuchs: Breit kompakt, Höhe (10 Jahre) etwa 110 cm, Breite (10 Jahre) etwa 130 cm
Winterhärtezone: 6a
Bemerkung: Ansprechendes Gelb, unempfindich gegen Knospensterben und Blattflecken

Foto: siehe Impressum

'Viscy'

Herkunft: Züchtung: Dietrich G. Hobbie, 1980 eingeführt
Blüte: Im Aufblühen orangefarben bis kupfrig gelb, außen lachsrosa gestreift, innen rotbraune Zeichnung, Einzelblüte großblumig, 7,5–11 cm Durchmesser, Blütenstutz bestehend aus 5–10 Blüten, Bütezeit: 1. Maihälfte
Blatt: Mittelgrünes Laub
Wuchs: Breit buschig bis breit aufrecht, Höhe (10 Jahre) etwa 110 cm, Breite (10 Jahre) etwa 130 cm
Winterhärtezone: 7a
Bemerkung: Liebhabersorte mit besonderer Blütenfarbe und langer Blütezeit, wegen der mäßigen Winterhärte nur für geschützte Standorte geeignet

Foto: siehe Impressum

© Hachmann

Walküre®

Herkunft: Züchtung: Hans Hachmann, 1997 eingeführt

Blüte: Rubinrötlich bis rubinrosa, innen rosig weiß mit rubinroter Zeichnung, Einzelblüte 9,5–11 cm, Blütenstutz bestehend aus 11–15 Blüten, Blütezeit: Mitte/Ende Mai bis Anfang Juni

Blatt: Dunkelgrünes Laub, bis 21 cm lang

Wuchs: Dicht kompakt, Höhe (10 Jahre) etwa 140 cm, Breite (10 Jahre) etwa 180 cm

Winterhärtezone: 6a

Bemerkung: Ausgesprochen gesunde Sorte

Rhododendron-Yakushimanum-Hybriden

Durch die Kreuzung großblumiger Hybriden mit der japanischen Wildart *Rhododendron yakushimanum* – sie wird seit einigen Jahren auch als Unterart von *Rhododendron degronianum* eingeordnet –, die als Endemit auf der Insel Yaku Shima in einer Gebirgsregion zwischen 1200 und 1800 m Höhe an sonnen- und windexponierten Standorten vorkommt, entstand eine völlig neue und begehrte Hybridgruppe, deren Sorten sich dank hervorragender Eigenschaften in besonderer Weise auszeichnen und einen hohen Gartenwert besitzen.

Auffällig ist der niedrige, halbkugelige und geschlossene Wuchs, die wunderschöne Belaubung während des ganzen Jahres sowie die außerordentliche Reichblütigkeit, die selbst bei jungen Pflanzen überrascht. Hinzu kommt die einzigartige Farbenvielfalt bei den verschiedenen Sorten und die sehr gute Winterhärte (besonders der deutschen Züchtungen) dieser Gruppe.

Als weitere Besonderheit erweist sich bei einer Vielzahl dieser Hybriden der filzige Blattaustrieb (Indumentum) nach der Blütezeit, der über viele Wochen den stattlichen Pflanzen zusätzlich ein edel dekoratives Aussehen verleiht. Dieser Belag dient als Sonnen- und Verdunstungsschutz. Rhododendron-Yakushimanum-Hybriden sind für sonnige Standorte geeignet. Bei ausreichender Feuchtigkeit sind sie für die gesunde Weiterentwicklung sogar besser geeignet.

Die Blütezeit erstreckt sich von Anfang Mai bis Anfang Juni. Die Pflanzenhöhe beträgt bei den meisten Sorten nach 10 Jahren etwa 1 m Höhe und 1,20 m Breite. Wegen des relativ langsamen Wuchses sind sie besonders für kleinere Gärten oder auch für Bepflanzungen von Kübeln, Trögen und größeren Pflanzgefäßen bestens geeignet. Durch ihre bis zum Boden reichende immergrüne Belaubung sind diese Sorten hier ganzjährig sehr attraktiv.

Foto: siehe Impressum

'Anuschka'

Herkunft: Züchtung: Hans Hachmann, 1982 eingeführt
Blüte: Außen dunkelrosa, innen hellrosa bis rosig weiß, Einzelblüte 5,5–6,5 cm Durchmesser, Blütenstutz bestehend aus 10–15 Blüten, Blütezeit: Mitte Mai bis Anfang Juni
Blatt: Dunkelgrünes Laub, unterseits hellbraun filzig behaart
Wuchs: Kompakt, flach rund, Höhe (10 Jahre) etwa 90 cm, Breite (10 Jahre) etwa 140 cm
Winterhärtezone: 6a
Bemerkung: Bewährte Sorte, setzt schon als kleine Pflanzen gut Blütenknospen an

© Floramedia

'Arabella'

Herkunft: Züchtung: Wilhelm Sagemüller, 1986 eingeführt
Blüte: Außen zartrosa, innen weißlich rosa mit dunkelroter Zeichnung, Saum stark gefranst, Einzelblüte 5,5–6,5 cm Durchmesser, Blütenstutz bestehend aus 12–14 Blüten, Blütezeit: 2. Hälfte Mai
Blatt: Mittelgrünes Laub, Blätter unterseits fein behaart
Wuchs: Breit rund, Höhe (10 Jahre) etwa 110 cm, Breite (10 Jahre) etwa 140 cm
Winterhärtezone: 6a
Bemerkung: Recht wüchsige Sorte

'Astrid'®

Herkunft: Züchtung: Hans Hachmann, 1991 eingeführt
Blüte: Rot, oberes Kronblatt mit kleiner dunkelroter Zeichnung, Blütensaum gewellt, Einzelblüte 7–8,5 cm Durchmesser, Blütenstutz bestehend aus 19–21 Blüten, Blütezeit: Mitte Mai bis Mitte Juni
Blatt: Dunkelgrünes Laub, glänzend, etwas gewölbt
Wuchs: Breit rund, Höhe (10 Jahre) etwa 110 cm, Breite (10 Jahre) etwa 140 cm
Winterhärtezone: 6a
Bemerkung: Farbbeständige Blüte mit guter Fernwirkung, wüchsig

Foto: siehe Impressum

Aureolin®

Herkunft: Züchtung: Wilhelm Bruns, 2007 eingeführt
Blüte: Kirschrot und lachscreme bis hellgelb, stark changierend, außen orangerote Streifen, Blütezeit: Mitte Mai bis Anfang Juni
Blatt: Dunkelgrünes Laub, glänzend, unterseits mit einem dichten Indumentum
Wuchs: Dicht kompakt, Höhe (10 Jahre) etwa 100 cm, Breite (10 Jahre) etwa 120 cm
Winterhärtezone: 6b
Bemerkung: Neueinführung mit außergewöhnlichem Farbspiel

© Bruns

Foto: siehe Impressum

'Babette'

Herkunft: Züchtung: Dietrich G. Hobbie/Hans Hachmann, 1987 eingeführt
Blüte: Zartgelb bis cremegelb, innen kleiner roter Basalfleck, Einzelblüte 5–6 cm Durchmesser, Blütenstutz bestehend aus 8–11 Blüten, Blütezeit: Mitte Mai bis Anfang Juni
Blatt: Dunkelgrünes Laub, glänzend
Wuchs: Breit, kompakt, Höhe (10 Jahre) etwa 110 cm, Breite (10 Jahre) etwa 130 cm
Winterhärtezone: 6a
Bemerkung: Verbesserung von 'Flava' (syn. 'Volker')

Foto: siehe Impressum

'Ballkönigin'

Herkunft: Züchtung: E. A. Stöckmann, 1994 eingeführt
Blüte: Rosa, innen zartrosa mit weinroter Zeichnung, Einzelblüte 5,5–6 cm Durchmesser, Blütenstutz bestehend aus 16 Blüten, Blütezeit: Mitte Mai bis Anfang Juni
Blatt: Dunkelgrünes Laub
Wuchs: Breit rund, Höhe (10 Jahre) etwa 110 cm, Breite (10 Jahre) etwa 140 cm
Winterhärtezone: 6a
Bemerkung: Starkwüchsige Sorte

Bohlkens Lupinenberg®

© Hachmann

Herkunft: Züchtung: Heinz Bohlken, 2005 eingeführt
Blüte: Purpurviolett, aufgeblüht purpurrosa mit grüngelber Zeichnung, Einzelblüte 6,5–7 cm Durchmesser, Blütenstutz bestehend aus 11–14 Blüten, Blütezeit: Mitte Mai bis Ende Mai
Blatt: Mittelgrünes Laub
Wuchs: Breit kompakt, Höhe (10 Jahre) etwa 70 cm, Breite (10 Jahre) etwa 120 cm
Winterhärtezone: 6a
Bemerkung: Sehr neue Züchtung mit auffälligem Violettton

'Edelweiß'

Foto: siehe Impressum

Herkunft: Züchtung: Werner Wüstemeyer/Johann Wieting, 1989 eingeführt
Blüte: Offen reinweiß, im Aufblühen hellrosa getönt, Einzelblüte 4,5–5 cm Durchmesser, Blütenstutz bestehend aus 15–17 Blüten, Blütezeit: Mitte Mai bis Anfang Juni
Blatt: Dunkelgrünes Laub, unterseits dicht zimtfarbig behaart, junges Laub oberseits weißwollig behaart
Wuchs: Kompakt, breit rund, Höhe (10 Jahre) etwa 90 cm, Breite (10 Jahre) etwa 120 cm
Winterhärtezone: 6a
Bemerkung: Selektion aus der Wildart, Austrieb mit sehr zierendem, filzigem Belag

Foto: siehe Impressum

'Falling Snow'

Herkunft: Züchtung: O. Pride (USA), vor 1977 entstanden
Blüte: Reinweiß, im Aufblühen zartlila getönt, innen kleine gelbliche Zeichnung, Blütensaum stark gewellt, Einzelblüte 4,5–6 cm Durchmesser, Blütenstutz bestehend aus 12–18 Blüten, Blütezeit: letzte Maiwoche bis erstes Junidrittel
Blatt: Mittelgrünes Laub, glänzend, unterseits fein braun behaart
Wuchs: Dicht, breit rund, Höhe (10 Jahre) etwa 90 cm, Breite (10 Jahre) etwa 130 cm
Winterhärtezone: 5
Bemerkung: Besonders winterharte Sorte, die volle, runde Pflanzen bildet

Foto: siehe Impressum

'Fantastica'

Herkunft: Züchtung: Hans Hachmann, 1983 eingeführt
Blüte: Leuchtend hellrot, innen hellrosa bis fast weiß werdend, Einzelblüte 5–6 cm Durchmesser, Blütenstutz bestehend aus 14–18 Blüten, Blütezeit: Mitte Mai bis Anfang Juni
Blatt: Dunkelgrünes Laub, glänzend, Blätter unterseits fein behaart
Wuchs: Kompakt bis breit aufrecht, Höhe (10 Jahre) etwa 110 cm, Breite (10 Jahre) etwa 130 cm
Winterhärtezone: 5
Bemerkung: Bewährte Sorte mit großem Blütenstand und effektvoller Blütenfarbe

'Golden Melodie'

Herkunft: Züchtung: Klaus Stöckmann, 1995 eingeführt
Blüte: Hell cremegelb, innen mit grüngelbem Schlund, gelbgrüne Zeichnung, Einzelblüte sehr großblumig, 8–9 cm Durchmesser, Blütenstutz bestehend aus 9–14 Blüten, Blütezeit: Mitte Mai bis Anfang Juni
Blatt: Großes, dunkelgrünes Laub
Wuchs: Breit rund, geschlossen, Höhe (10 Jahre) etwa 110 cm, Breite (10 Jahre) etwa 140 cm
Winterhärtezone: 6a
Bemerkung: Außergewöhnliche Blütenfarbe und -größe

Foto: siehe Impressum

'Julia' (syn. 'Bruns Julia')

Herkunft: Züchtung: Wilhelm Bruns, 1989 eingeführt
Blüte: Pinkrosa mit einem Hauch von lachsorange, rötliche Zeichnung, Einzelblüte 5,5 cm Durchmesser, Blütenstutz bestehend aus 7–10 Blüten, Blütezeit: Ende Mai bis Anfang Juni
Blatt: Glänzend dunkelgrünes Laub, elliptisch
Wuchs: Breit rund, dicht, Höhe (20 Jahre) etwa 80 cm, Breite (20 Jahre) etwa 100 cm
Winterhärtezone: 6b
Bemerkung: Durch doppelte Anzahl der Kronblätter auffällige Blüte; Geschwistersorte von 'Aureolin'

© Bruns

Foto: siehe Impressum

'Kalinka'

Herkunft: Züchtung: Hans Hachmann, 1983 eingeführt
Blüte: Rubinrosa, innen hellrosa mit gelbgrüner Zeichnung, Saum dunkelrosa und leicht gekräuselt, Einzelblüte 4–5,5 cm Durchmesser, Blütenstutz bestehend aus 14–17 Blüten, Blütezeit: Mitte Mai bis Anfang Juni
Blatt: Dunkelgrünes Laub, glänzend, unterseits fein braun behaart
Wuchs: Kompakt, breit rund, Höhe (10 Jahre) etwa 110 cm, Breite (10 Jahre) etwa 130 cm
Winterhärtezone: 7a
Bemerkung: Bekannte und bewährte Sorte

© Hachmann

Karminkissen®

Herkunft: Züchtung: Holger Hachmann, 2004 eingeführt
Blüte: Hellrote bis karminrote, überhängende Blütenglocken, Kelch auffallend verlängert, Einzelblüte 5 cm Durchmesser, Blütenstutz bestehend aus 8 Blüten, Blütezeit: Mitte Mai bis Ende Mai
Blatt: Dunkelgrünes Laub, stark glänzend
Wuchs: Kompakt, kissenförmig, Höhe (10 Jahre) etwa 40 cm, Breite (10 Jahre) etwa 70 cm
Winterhärtezone: 6a
Bemerkung: Dichter, kissenförmiger Wuchs

'Kerstine' (syn. 'Hachmann's Kerstine')

Herkunft: Züchtung: Hans Hachmann, 1976 eingeführt
Blüte: Rosarot, innen etwas aufgehellt und purpurrosa gefleckt, lockerer Blütenstand, Einzelblüte 5,5 cm Durchmesser, Blütenstutz bestehend aus 8 Einzelblüten, Blütezeit: Anfang bis Mitte/Ende Mai
Blatt: Sattgrünes Laub, zierlich
Wuchs: Breit, kompakt, Höhe (10 Jahre) etwa 80 cm, Breite (10 Jahre) etwa 100 cm
Winterhärtezone: 6a
Bemerkung: Sehr reichblühende Sorte mit dekorativer Blütenknospe

'Koichiro Wada' (syn. 'F.C.C.-Form')

Herkunft: Selektion aus Wildart, M. W. Wada, 1947 eingeführt
Blüte: Zartrosa, später weiß, Einzelblüte 3,5–4,5 cm Durchmesser, Blütenstutz bestehend aus 12–4 Blüten, Blütezeit: Anfang bis Ende Mai
Blatt: Dunkelgrünes Laub, länglich, lederartig, oberseits glänzend, unterseits dicht filzig, Austrieb allseits silbrig weiß bis cremefarben wollig
Wuchs: Dicht kompakt, flach rund, schwachwüchsig, Höhe (10 Jahre) etwa 60 cm, Breite (10 Jahre) etwa 90 cm
Winterhärtezone: 6a
Bemerkung: Besonders schöne Auslese aus der Wildart, sehr zierender Laubaustrieb

© Hachmann

Kokette®

Herkunft: Züchtung: Hans Hachmann, 2004 eingeführt
Blüte: Zweifarbig leuchtend rot, im Inneren rötlich weiß, Saum gewellt und gekräuselt, Einzelblüte 6 cm, Blütenstutz bestehend aus 10–12 Blüten, Blütezeit: Anfang bis Mitte Mai
Blatt: Dunkelgrünes Laub, stark glänzend
Wuchs: Breit rund, dicht kompakt, Höhe (10 Jahre) etwa 70 cm, Breite (10 Jahre) etwa 110 cm
Winterhärtezone: 6a
Bemerkung: Auffällige Zweifarbigkeit

Foto: siehe Impressum

'Leuchtfeuer'

Herkunft: Züchtung: Wilhelm Bruns, 1993 eingeführt
Blüte: Rot, im Verlauf der Blüte hellrot werdend mit weinroter Zeichnung, Einzelblüte 5–6 cm Durchmesser, Blütenstutz bestehend aus 10–15 Blüten Blütezeit: erste Maihälfte
Blatt: Dunkelgrünes Laub, glänzend, Blätter unterseits fein braun behaart
Wuchs: Kompakt, breit rund, Höhe (10 Jahre) etwa 90 cm, Breite (10 Jahre) etwa 110 cm
Winterhärtezone: 6b
Bemerkung: Blütenknospen im Winter dekorativ braunrot, setzt regelmäßig gut Blütenknospen an

'Loreley'

Herkunft: Züchtung: Wilhelm Bruns, 1987 eingeführt
Blüte: Außen zartrosa, innen cremegelb mit rosa Schimmer, Saum rosa, Zeichnung schwach gelb, Einzelblüte 4,5–6 cm Durchmesser, Blütenstutz bestehend aus 10–14 Blüten, Blütezeit: 2. Maihälfte
Blatt: Dunkelgrünes Laub
Wuchs: Breit rund, etwas locker, Höhe (10 Jahre) etwa 110 cm, Breite (10 Jahre) etwa 130 cm
Winterhärtezone: 6a
Bemerkung: Sehr schöne Farbkombination

Foto: siehe Impressum

'Lucinda'

Herkunft: Züchtung: Jochen Böhlje, 2001 eingeführt
Blüte: Zartgelb, kleine weinrote Zeichnung auf dem oberen Kronblatt, Einzelblüte 5,5 cm, Blütenstutz bestehend aus 10 Blüten, Blütezeit: Anfang bis Mitte/Ende Mai
Blatt: Frischgrünes Laub, glänzend, unterseits mit einem hellbraunen Indumentum
Wuchs: Abgeflacht halbkugelig, Höhe (10 Jahre) etwa 50 cm, Breite (10 Jahre) etwa 70 cm
Winterhärtezone: 6a
Bemerkung: Schwachwüchsige Sorte

© Hachmann

© Bruns

'Malaga'

Herkunft: Züchtung: Wilhelm Bruns, 1970 eingeführt
Blüte: Aprikotpink, außen lachsrosa, gelbe Punktzeichnung, kleiner Kelch, Blütezeit: Mitte bis Ende Mai
Blatt: Dunkelgrünes Laub, unterseits hellbraun befilzt
Wuchs: Breit rund, dicht, Höhe (20 Jahre) etwa 90 cm, Breite (20 Jahre) etwa 120 cm
Winterhärtezone: 6a
Bemerkung: Lange Blütezeit, sehr schönes Farbspiel

Foto: siehe Impressum

'Marrakesch'

Herkunft: Züchtung: Baumschule Ernst Adolf Stöckmann, 1993 eingeführt
Blüte: Lachsfarben bis hellcremelachs, innen rotbraun, im Verblühen aufhellend, Einzelblüte 6,5 cm Durchmesser, Blütenstutz bestehend aus 11–13 Blüten, Blütezeit: zweite Maihälfte
Blatt: Dunkelgrünes Laub
Wuchs: Kompakt, breit rund, Höhe (10 Jahre) etwa 60 cm, Breite (10 Jahre) etwa 110 cm
Winterhärtezone: 6b
Bemerkung: Großblütig, farbintensiver im lichten Schatten

'Morgenrot'

Herkunft: Züchtung: Hans Hachmann, 1978 eingeführt
Blüte: Rot, innen rosarot mit rotbrauner Zeichnung, Einzelblüte 3,5–5,5 cm Durchmesser, Blütenstutz bestehend aus 10–18 Blüten, Blütezeit: zweite Maihälfte
Blatt: Dunkelgrünes, glänzendes Laub, unterseits braunes Indumentum
Wuchs: Kompakt, breit rund, Höhe (10 Jahre) etwa 90 cm, Breite (10 Jahre) etwa 130 cm
Winterhärtezone: 6a
Bemerkung: Bekannte, raschwüchsige Sorte; halbschattiger Standort empfehlenswert

© Hachmann

'Nicoletta'®

Herkunft: Züchtung: Hans Hachmann, 1990 eingeführt
Blüte: Im Aufblühen hellrosa, später weiß mit brombeerfarbener Fleckzeichnung, Einzelblüte 5,5–6,5 cm Durchmesser, Blütenstutz bestehend aus 16–19 Blüten, Blütezeit: Mitte Mai bis Ende Mai
Blatt: Dunkelgrünes Laub
Wuchs: Dicht, flach kompakt; Höhe (10 Jahre) etwa 70 cm, Breite (10 Jahre) etwa 110 cm
Winterhärtezone: 6a
Bemerkung: Interessante Farbentwicklung während des Aufblühens

© Hachmann

© Bruns

'Park Bremen'

Herkunft: Züchtung: Wilhelm Bruns, 2007 eingeführt
Blüte: Lachsrosa bis pink, kleiner Kelch, Blütezeit: Mitte bis Ende Mai
Blatt: Dunklegrünes, ovales Laub, leicht gewölbt, unterseits hellgrün
Wuchs: Breit rund, dicht kompakt, Höhe (10 Jahre) etwa 80 cm, Breite (10 Jahre) etwa 120 cm
Winterhärtezone: 6b
Bemerkung: 2007 im Bremer Rhododendronpark getauft

Foto: siehe Impressum

'Percy Wiseman'

Herkunft: Züchtung: John Waterer Sons & Crisp (GB), 1971 eingeführt
Blüte: Helllachsrosa, innen cremegelb mit lachsfarbiger Tönung, schwachgelbe Zeichnung, Einzelblüte 6–7,5 cm Durchmesser, Blütenstutz bestehend aus 9–12 Blüten, Blütezeit: zweite Maihälfte
Blatt: Dunkelgrünes Laub
Wuchs: Breit rund, Höhe (10 Jahre) etwa 90 cm, Breite (10 Jahre) etwa 120 cm
Winterhärtezone: 6a
Bemerkung: Geschätzte englische Sorte mit schönem Blütenfarbspiel

'Polaris' (syn. 'Hachmann's Polaris')

Herkunft: Züchtung: Hans Hachmann, 1978 eingeführt
Blüte: Rubinrosa, innen rosig weiß mit gelbgrüner Zeichnung, Saum leicht gewellt, Einzelblüte 5–6,5 cm Durchmesser, Blütenstutz bestehend aus 15–18 Blüten, Blütezeit: Mitte Mai bis Anfang Juni
Blatt: Dunkelgrünes Laub, unterseits fein braun behaart
Wuchs: Kompakt, breit rund, Höhe (10 Jahre) etwa 90 cm, Breite (10 Jahre) etwa 120 cm
Winterhärtezone: 5
Bemerkung: Auch für vollsonnige und ungünstige Standorte geeignet, besonders winterhart

Foto: siehe Impressum

'Schneekrone'

Herkunft: Züchtung: Hans Hachmann, 1982 eingeführt
Blüte: Reinweiß, im Aufblühen zartrosa getönt, innen mit brauner Zeichnung, Einzelblüte 4,5–7 cm Durchmesser, Blütenstutz bestehend aus 11–16 Blüten, Blütezeit: Mitte Mai bis Anfang Juni
Blatt: Dunkelgrünes Laub
Wuchs: Kompakt, breit rund, Höhe (10 Jahre) etwa 90 cm, Breite (10 Jahre) etwa 110 cm
Winterhärtezone: 5
Bemerkung: Kompakte, reichblühende Sorte

Foto: siehe Impressum

© Floramedia

'Sneezy'

Herkunft: Züchtung: John Waterer Sons & Crisp (GB), 1971 eingeführt
Blüte: Hellrot, nach innen rötlich rosa mit dunkelroter Zeichnung, Einzelblüte 5–6,5 cm Durchmesser, Blütenstutz bestehend aus 9–15 Blüten, Blütezeit: Mitte Mai bis Anfang Juni
Blatt: Dunkelgrünes Laub, glänzend
Wuchs: Kompakt, breit rund, Höhe (10 Jahre) etwa 120 cm, Breite (10 Jahre) etwa 140 cm
Winterhärtezone: 6b
Bemerkung: Gute, wüchsige Sorte

Rhododendron-Williamsianum-Hybriden

Für Rhododendronzüchtungen aus dieser Gruppe wurde die in China heimische Art *R. williamsianum* verwendet. Die Art zeichnet sich durch einen dichten, regelmäßig halbkugeligen Wuchs, breit eiförmige, am Blattgrund herzförmige, im Austrieb oft intensiv bronzefarbene Belaubung und glockigen, nickenden Blüten in lockeren Blütenständen aus. Auch sind bei einigen Sorten die Blütenknospen auffällig rötlich gefärbt.

Die Züchtung mit *R. williamsianum* begann etwa ab 1920 in England, später auch in Holland und Deutschland.

Durch Kreuzungen mit großblumigen Rhododendron-Hybriden sind neben hochwachsenden Sorten auch solche mit einem niedrigen, kompakten Wuchs entstanden, die auch für kleine Gärten gut geeignet sind. Die Pflanzenhöhe beträgt ausgewachsen bei den meisten Sorten 1–2 m, nur wenige werden auch größer.

Bei den Blütenfarben der Hybriden dominieren rosa Töne, es gibt aber auch rote und cremegelbe Blüten.

Die Kreuzungen sind zwar robuster als die Art, benötigen jedoch einen geschützten Standort, denn sie leiden durch ihren frühen Austrieb und die frühe Blüte ab Ende April nicht selten unter Spätfrösten. Sie bevorzugen lichten Schatten, der sie vor direkter Mittagssonne oder auch Wintersonne schützt.

© Ehsen

© Hachmann

Williamsianum-Hybride 'Andrea'

Herkunft: Züchtung: Hans Hachmann, 2001 eingeführt

Blüte: Innen rosa-weiß, außen rosa, Einzelblüte 6–7 cm Durchmesser, Blütenstutz bestehend aus 6–8 Blüten, Blütezeit: Ende April bis Mitte Mai

Blatt: Dunkelgrünes, fast kreisrundes, gewölbtes Laub

Wuchs: Rund, dicht kompakt, Höhe und Breite (10 Jahre) etwa 70 cm

Winterhärtezone: 6b

Bemerkung: Sehr attraktive, neue Williamsianum-Hybride

Foto: siehe Impressum

Williamsianum-Hybride 'August Lamken'

Herkunft: Züchtung: Dietrich G. Hobbie, 1971 benannt

Blüte: Hellrot-rubinrosa mit dunkelroter Zeichnung, Einzelblüte 5,5–7,5 cm Durchmesser, locker überhängend, Blütenstutz bestehend aus 5–9 Blüten, Blütezeit: zweite Maihälfte

Blatt: Mittelgrünes Laub, glänzend

Wuchs: Breit aufrecht, Höhe (10 Jahre) etwa 120 cm, Breite (10 Jahre) etwa 140 cm

Winterhärtezone: 6b

Bemerkung: Eine der härtesten Williamsianum-Hybriden

Williamsianum-Hybride ‘Gartendirektor Rieger’

Herkunft: Züchtung: Dietrich G. Hobbie, 1971 eingeführt
Blüte: Cremefarben, dunkelrote Zeichnung mit kleinem Basalfleck, Saum gewellt, Einzelblüte 8–10 cm Durchmesser, großblumig, locker überhängend, Blütenstutz bestehend aus 4–7 Blüten, Blütezeit: erste Maihälfte, rotbraune Winterknospen
Blatt: Dunkelgrünes Laub, oval, glänzend
Wuchs: Breit rund bis breit aufrecht, geschlossen, Höhe (10 Jahre) etwa 140 cm, Breite (10 Jahre) etwa 160 cm
Winterhärtezone: 6a
Bemerkung: Bekannte und bewährte Sorte, großblütig

Foto: siehe Impressum

Williamsianum-Hybride ‘Vater Böhlje’

Herkunft: Züchtung: Dietrich G. Hobbie, 1970 eingeführt
Blüte: Glockig, zart lilarosa, keine Zeichnung, Einzelblüte 4,5–5,5 cm Durchmesser, locker überhängend, Blütenstutz bestehend aus 3–8 Blüten, Blütezeit: zweite Maihälfte
Blatt: Mittelgrünes Laub, oval, gewölbt
Wuchs: Kugelig, dicht kompakt, Höhe (10 Jahre) etwa 70 cm, Breite (10 Jahre) etwa 90 cm
Winterhärtezone: 6b
Bemerkung: Bewährte Williamsianum-Hybride

Foto: siehe Impressum

Rhododendron forrestii var. *repens*-Hybriden

Diese Rhododendrongruppe umfasst Kreuzungen der in feuchten Bergwiesen Chinas und Tibets beheimateten *R. forrestii* var. *repens* mit anderen Arten und Sorten.

Die ersten Sorten entstanden nach 1930 in England; der Durchbruch mit für deutsche Verhältnisse winterharten, heute weltbekannten Sorten gelang Dietrich G. Hobbie aus Westerstede-Linswege in den 1950er-Jahren. Er kreuzte die Wildart mit Großblumigen Gartenhybriden.

Die Pflanzenhöhe der Repens-Hybriden beträgt maximal 0,75–1,2 m, sie erreichen eine Breite von etwa 2 m. Die Blütezeit ist von Mitte April bis Mitte Mai. Durch den frühen Blühtermin können die Blüten allerdings unter Spätfrösten leiden.

Alle Repens-Hybriden zeichnen sich durch einen niedrigen, kompakten Wuchs und durch glockige, ziemlich fleischige, scharlach- oder leuchtend rote, selten auch rosa Blüten aus. Sie gedeihen, eine ausreichend hohe Bodenfeuchtigkeit vorausgesetzt, auch an sonnigen Standorten.

Repens-Hybriden sind wegen ihres ausgesprochen langsamen Wuchses ideal für kleine Flächen, auch zur Flächenbegrünung und zur Vorpflanzung. Besonders in Norddeutschland verbreitet ist die Verwendung dieser Hybriden als niedrige Hecke zur Straßenabgrenzung. Größere und bereits ältere Exemplare wirken besonders in Einzelstellung. Sie sind ebenfalls bestens geeignet für Gräber und Steingärten oder als mobiles Grün in Trögen und Kübeln.

© Ehsen

Repens-Hybride 'Baden-Baden'

Herkunft: Züchtung: Dietrich G. Hobbie, 1956 benannt
Blüte: Scharlachrot, schwache braune Zeichnung, gewellter Saum, Einzelblüte 4,5–5,5 cm Durchmesser, Blütenstutz bestehend aus 2–6 Blüten, Blütezeit: Ende April bis Mitte Mai
Blatt: Dunkelgrünes Laub, glänzend, stets etwas gedreht
Wuchs: Kompakt, breit rund, Höhe (10 Jahre) etwa 90 cm, Breite (10 Jahre) 140 cm
Winterhärtezone: 6a
Bemerkung: Sehr winterharte Repens-Hybride, verträgt auch Sonne gut, Blätter auffallend gedreht

Repens-Hybride 'Bengal'

Herkunft: Züchtung: Dietrich G. Hobbie, 1960 eingeführt
Blüte: Scharlachrot bis reinrot, Einzelblüte 5 cm Durchmesser, Blütenstutz bestehend aus 3–5 Blüten; Blütezeit: Ende April bis Mitte Mai
Blatt: Dunkelgrünes Laub, glänzend
Wuchs: Breit rund, kompakt, Höhe (10 Jahre) etwa 60 cm, Breite (10 Jahre) 120 cm
Winterhärtezone: 6b
Bemerkung: Bewährte ältere Sorte

© Hachmann

Repens-Hybride 'Rotkäppchen'

Herkunft: Züchtung: Hans Hachmann, 1992

Blüte: Leuchtend rot, Einzelblüte 5,5 cm Durchmesser, Blütenstutz aus 5–6 Blüten, Blütezeit: Anfang Mai bis Ende Mai

Blatt: Dunkelgrünes, ovales Laub

Wuchs: Sehr dicht, rund, kissenförmig, Höhe (10 Jahre) etwa 40 cm, Breite (10 Jahre) etwa 70 cm

Winterhärtezone: 6a

Bemerkung: Blüht etwas später als andere Repens-Hybriden, deshalb weniger spätfrostgefährdet

Foto: siehe Impressum

Repens-Hybride 'Scarlet Wonder'

Herkunft: Züchtung: Dietrich G. Hobbie, 1960 eingeführt

Blüte: Scharlachrot, im Verblühen etwas heller, Einzelblüte 4,5–5,5 cm Durchmesser, Blütenstutz bestehend aus 3–5 Blüten, Blütezeit: erste Maihälfte, rotbraune Winterknospen

Blatt: Dunkelgrünes Laub, glänzend

Wuchs: Dicht, breit rund, kompakt, Höhe (10 Jahre) etwa 70 cm, Breite (10 Jahre) etwa 90 cm

Winterhärtezone: 6a

Bemerkung: Bekannteste Repens-Hybride, zierende braunrote Blütenknospen

Rhododendron Kleinblumige Hybriden

In der Gruppe der Kleinblumigen Hybriden sind kleinblütige und kleinblättrige Rhododendronsorten zusammengefasst. Bedingt durch ihren meist schwachen Wuchs werden sie auch als Zwergrhododendron bezeichnet. Es handelt sich um eine sehr heterogene Gruppe, am Zustandekommen der Hybriden sind zahlreiche, meist lepidote (= beschuppte) Arten beteiligt. Seit einigen Jahren werden auch Sorten dieser Gruppe miteinander gekreuzt.

Die Hybriden sind teilweise besonders winterhart, sie wachsen langsam und erreichen eine Höhe von etwa 1 m. Die Kleinblumigen Hybriden sind sehr anspruchslos.

Die Blütezeit erstreckt sich von Ende Februar bis Mitte Juli, wobei der April mit überwiegend blauen, lilanen und violetten Blütenfarben dominiert. Bei manchen Sorten kommt es im Spätsommer schon zu einem teilweisen Aufblühen der gerade neu angelegten Blütenknospen.

Bei vielen Sorten und Arten duftet das Blatt sehr aromatisch.

Als geeignete Plätze bieten sich sonnige Standorte in Steingärten, in kleinen Vorgärten, auf Gräbern oder in Kübeln und Trögen an, am besten mit ihren Eltern oder anderen kleinblättrigen, zierlich wachsenden Ericaceae (Heidekrautgewächse) mit gleichen Standortansprüchen. Je kleinblättriger die Pflanzen sind, desto besser eignen sie sich für einen sonnigen Standort.

© Ehsen

Foto: siehe Impressum

Carolinianum-Hybride 'Dora Amateis'

Herkunft: Züchtung: E. Amateis, (USA), 1958 eingeführt

Blüte: Reinweiß, im Aufblühen außen leicht rosalila getönt, Einzelblüte 4,5–5 cm Durchmesser, Blütenstutz bestehend aus 3–7 Blüten, Blütezeit: 1. bis 3. Maiwoche

Blatt: Dunkelgrünes Laub

Wuchs: Kompakt, breit rund, Höhe (10 Jahre) etwa 60 cm, Breite (10 Jahre) etwa 100 cm

Winterhärtezone: 6b

Bemerkung: Breit kompakter Wuchs, beste weiße, klein bleibende Sorte, etwas anfällig gegen Netzwanzen

Foto: siehe Impressum

Carolinianum-Hybride 'P.J.M. Elite'

Herkunft: Züchtung: Ed Mezitt (USA), 1987 eingeführt

Blüte: Purpurrosa, innen kleine weinrote Zeichnung, weiße Staubgefäße, Einzelblüte 3,5–4,5 cm Durchmesser, Blütenstutz bestehend aus 9–11 Blüten, Blütezeit: Ende April bis Mitte Mai

Blatt: Dunkelgrünes Laub, Winterfärbung bronzefarben

Wuchs: Breit rund bis buschig aufrecht, Höhe (10 Jahre) etwa 90 cm, Breite (10 Jahre) etwa 100 cm

Winterhärtezone: 5

Bemerkung: Frühe, leuchtende Blüten, sehr winterhart; sehr ähnlich zu 'P. J. M. Regal' und 'P. J. Mezitt'

Hanceanum-Hybride 'Princess Anne' (Syn. 'Golden Fleece')

Foto: siehe Impressum

Herkunft: Züchtung: W. S. Reuthe, 1961 eingeführt
Blüte: Hellgelb, innen kleine gelbgrüne Zeichnung, Einzelblüte 2,5–3,5 cm Durchmesser, Blütenstutz bestehend aus 6–10 Blüten, Blütezeit: Ende April bis Mitte Mai
Blatt: Hellgrünes Laub, Winterfärbung bronzefarben
Wuchs: Flach kompakt, polsterartig, Höhe (10 Jahre) etwa 25 cm, Breite (10 Jahre) etwa 60 cm
Winterhärtezone: 6b
Bemerkung: Dekoratives, bronzefarbenes Winterlaub, leichter Winterschutz empfehlenswert

Impeditum-Hybride 'Azurika'

Foto: siehe Impressum

Herkunft: Züchtung: Hans Hachmann, 1979 eingeführt
Blüte: Violettblau bis purpurviolett, Einzelblüte 3 cm Durchmesser, Blütenstutz bestehend aus 5–7 Blüten, Blütezeit: Anfang bis Mitte Mai
Blatt: Dunkelgrünes Laub, glänzend
Wuchs: Dicht, rund kompakt; Höhe (10 Jahre) etwa 50 cm, Breite (10 Jahre) etwa 80 cm
Winterhärtezone: 6a
Bemerkung: Gut für Steingärten geeignet

Foto: siehe Impressum

Impeditum-Hybride 'Blue Tit Magor'

Herkunft: Züchtung: Edward J. P. Magor (GB), 1933 eingeführt
Blüte: Lilablau bis hellblau, Einzelblüte 3,5 cm Durchmesser, Blütenstutz bestehend aus 11–18 Blüten, Blütezeit: Anfang bis Mitte Mai
Blatt: Mittelgrünes Laub
Wuchs: Zuerst straff aufrecht, dann breit rund bis aufrecht kompakt; Höhe (10 Jahre) etwa 120 cm, Breite (10 Jahre) etwa 90 cm
Winterhärtezone: 6a
Bemerkung: Stärkerwüchsige Sorte

Foto: siehe Impressum

Impeditum-Hybride 'Luisella'

Herkunft: Züchtung: Hans Hachmann, 1988 eingeführt
Blüte: Hellviolett mit rosig violetter Tönung, Einzelblüte 3–3,5 cm Durchmesser, Blütenstutz bestehend aus 5–6 Blüten, Blütezeit: Anfang bis Mitte Mai
Blatt: Mittelgrünes Laub
Wuchs: Kissenförmig, rund kompakt; Höhe (10 Jahre) etwa 35 cm, Breite (10 Jahre) etwa 60 cm
Winterhärtezone: 5
Bemerkung: Äußerst reichblühend, gedrungener, kissenförmiger Wuchs

Impeditum-Hybride 'Ramapo'

Herkunft: Züchtung: Guy G. Nearing (USA), 1940 eingeführt
Blüte: Helllila mit rosa Tönung, Einzelblüte 3 cm Durchmesser, Blütenstutz bestehend aus 3–5 Blüten, Blütezeit: Anfang bis Mitte Mai
Blatt: Mittelgrünes Laub, junge Blätter im Austrieb blau getönt, aromatisch duftend
Wuchs: Flach rund bis breit kompakt; Höhe (10 Jahre) etwa 70 cm, Breite (10 Jahre) etwa 130 cm
Winterhärtezone: 6b
Bemerkung: Gesunde und robuste Sorte, die auch für ungünstige Böden geeignet ist

Foto: siehe Impressum

Impeditum-Hybride 'Ronny'

Herkunft: Züchtung: Holger Hachmann, 2004 eingeführt
Blüte: Tiefviolett, Einzelblüte 3 cm Durchmesser, Blütenstutz aus 3–5 Blüten, Blütezeit: Ende April bis Mitte Mai
Blatt: Glänzend tiefgrünes Laub
Wuchs: Kompakt, flach rund, Höhe (10 Jahre) etwa 25 cm, Breite (10 Jahre) etwa 45 cm
Winterhärtezone: 5
Bemerkung: Neuzüchtung mit glänzender, besonders tiefgrüner Belaubung

© Hachmann

© Floramedia

Keiskei-Hybride 'Wee Bee' (syn. 'Not Too Bee')

Herkunft: Züchtung: W. E. Berg (USA), 1972 eingeführt
Blüte: Rosa bis hellrot, sehr reichblühend, Einzelblüte 3 cm Durchmesser, Blütenstutz bestehend aus bis zu 20 Blüten, Blütezeit: Mitte/Ende April bis Mitte Mai
Blatt: Hellgrünes, kleines, elliptisches Laub
Wuchs: Dicht polsterartig, Höhe (10 Jahre) etwa 20 cm, Breite (10 Jahre) etwa 55 cm
Winterhärtezone: 7a
Bemerkung: Auffällige Blütenfarbe, als schwachwüchsige Sorte gut für das Alpinum geeignet

© Hachmann

Ludlowii-Hybride 'Wren'

Herkunft: Züchtung: Peter Alfred Cox (GB), 1979 eingeführt
Blüte: Gelb, Blütenstutz aus bis zu 3 Blüten, Blütezeit: Anfang Mai bis Ende Mai
Blatt: Dunkelgrünes, elliptisches Laub, im Winter bronzefarben
Wuchs: Dicht kompakte Zwergform, Höhe (10 Jahre) etwa 20 cm, Breite (10 Jahre) etwa 35 cm
Winterhärtezone: 6b
Bemerkung: Sehr schwachwüchsige Besonderheit (übersetzt: „Zaunkönig")

‘Praecox’ *(syn. Rhododendron x praecox)*

Foto: siehe Impressum

Herkunft: Züchtung: L. Davies (GB), 1860 eingeführt
Blüte: Helles Lilarosa, schalenförmig offen, Einzelblüte 3–4 cm im Durchmesser, Blütenstutz bestehend aus 2–3 Blüten, Blütezeit: Anfang März bis Anfang April
Blatt: Halbimmergrün, Blätter oberseits dunkelgrün, glänzend, unterseits beschuppt
Wuchs: Locker aufrecht, Höhe (10 Jahre) etwa 100 cm, Breite (10 Jahre) 120 cm
Winterhärtezone: 6a
Bemerkung: Bekannter Frühblüher, dessen Blüte spätfrostgefährdet ist, im Alter verkahlend

Russatum-Hybride ‘Azurwolke’

Foto: siehe Impressum

Herkunft: Züchtung: Hans Hachmann, 1977 eingeführt
Blüte: Tiefblau, lange braune Staubgefäße, Einzelblüte 4 cm Durchmesser, Blütenstutz bestehend aus 5–6 Blüten, Blütezeit: Anfang bis Mitte Mai
Blatt: Immergrün, dunkelgrünes Laub, glänzend
Wuchs: Breit rund bis breit aufrecht, Höhe (10 Jahre) etwa 80 cm, Breite (10 Jahre) etwa 110 cm
Winterhärtezone: 6b
Bemerkung: Klare blaue Blütenfarbe

© Hachmann

Russatum-Hybride Blaufeder®

Herkunft: Züchtung: Hans Hachmann, 1995 eingeführt
Blüte: Leuchtend blauviolett, großblumig und sehr zahlreich, Einzelblüte 4 cm Durchmesser, Blütenstutz bestehend aus 8–12 Blüten, Blütezeit: Anfang Mai bis Mitte/Ende Mai
Blatt: Mittelgrün, glänzend
Wuchs: Breit rund, Höhe (10 Jahre) etwa 70 cm, Breite (10 Jahre) etwa 90 cm
Winterhärtezone: 6a
Bemerkung: Großblumige, farbkonstante Blüte

Foto: siehe Impressum

Russatum-Hybride 'Enziana'

Herkunft: Züchtung: Hans Hachmann, 1991 eingeführt
Blüte: Tiefviolettblau, innen etwas heller, Einzelblüte 3 cm Durchmesser, Blütenstutz bestehend aus 6–7 Blüten, Blütezeit: Anfang bis Ende Mai
Blatt: Immergrün, dunkelgrünes Laub, glänzend
Wuchs: Zunächst aufrecht, später breit-rund, Höhe (10 Jahre) etwa 70 cm, Breite (10 Jahre) etwa 90 cm
Winterhärtezone: 6a
Bemerkung: Intensiv leuchtende Blütenfarbe

Russatum-Hybride 'Gletschernacht'

Herkunft: Züchtung: Hans Hachmann, 1976 eingeführt
Blüte: Dunkelblau, im Aufblühen intensiv blauviolett, Einzelblüte 3,5–4 cm Durchmesser, Blütenstutz aus 5–7 Blüten, Blütezeit: Anfang bis Mitte Mai
Blatt: Immergrün, dunkelgrünes Laub, glänzend
Wuchs: Straff-aufrecht bis breit- aufrecht, zunächst locker, später kompakt, Höhe (10 Jahre) etwa 110 cm, Breite (10 Jahre) etwa 100 cm
Winterhärtezone: 6b
Bemerkung: Großartige Fernwirkung

Foto: siehe Impressum

Russatum-Hybride 'Lauretta'

Herkunft: Züchtung: Hans Hachmann, 1988 eingeführt
Blüte: Tief violettblau bis violett, Einzelblüte 3 cm Durchmesser, Blütenstutz bestehend aus 2–4 Blüten, Blütezeit: Mitte bis Ende Mai
Blatt: Immergrün, dunkelgrünes Laub, glänzend
Wuchs: Breit aufrecht, später breit rund, Höhe (10 Jahre) etwa 60 cm, Breite (10 Jahre) etwa 90 cm
Winterhärtezone: 5
Bemerkung: Sehr gute Winterhärte

Foto: siehe Impressum

Foto: siehe Impressum

Saluenense-Hybride 'Lavendula'

Herkunft: Züchtung: Dietrich G. Hobbie, 1969 eingeführt
Blüte: Rosig lavendelblau bis lilarosa, auffallend braunrote Zeichnung, Einzelblüte 4,5–5 cm Durchmesser, Blütenstutz aus 3–5 Einzelblüten, Blütezeit: Mitte Mai bis Anfang Juni
Blatt: Immergrün, mittelgrün mit Olivtönung, Winterfärbung bronzefarben
Wuchs: Rund kompakt, Höhe (10 Jahre) etwa 80 cm, Breite (10 Jahre) etwa 110 cm
Winterhärtezone: 6b
Bemerkung: Laub aromatisch duftend

Rhododendronarten und ihre Hybriden

Diese Gruppe enthält Rhododendron, die in der freien Natur vorkommen sowie daraus entstandene Formen. Die weltweit über 1000 Arten stammen aus Ostasien, Himalaya bis Südchina, Malaysia, Neu-Guinea und Japan sowie aus Nordamerika und Westasien, Mittel- und Südeuropa. Der deutsche Name „Alpenrose" ist nicht verkehrt, denn in den Alpen wachsen zwei Arten *(R. ferrugineum, R. hirsutum)* und ihre Naturhybride *(R. x intermedium)*. Das Hauptverbreitungszentrum ist jedoch das Himalaya-Gebirge mit allein über 850 Arten.
Einen zweiten Schwerpunkt bilden die Vorkommen im westlichen und östlichen Nordamerika, wo beispielsweise *R. catawbiense* und *R. viscosum* beheimatet sind. In Kleinasien und im Kaukasus liegt das Areal so bedeutender Arten wie *R. luteum* und *R. smirnowii*.

Gegen Ende des 18. Jahrhunderts und zu Beginn des 19. Jahrhunderts gelangten mit *R. carolinianum*, *R. maximum* und *R. ponticum* die ersten wichtigen Wildarten nach England. Zusammen mit *R. caucasicum* und *R. catawbiense*, die 1803 und 1823 eingeführt wurden, bildeten sie die Grundlage für eine ausgedehnte Züchtungsarbeit. 1825 stand erstmalig das leuchtende, spektakuläre Rot von *R. arboreum* für Einkreuzungen zur Verfügung. Auch nach 1900 gab es einen großen Zustrom bisher ungekannter Wildarten aus Asien und Amerika.

Die Gattung umfasst sommer- und immergrüne Arten mit sehr verschiedenen Wuchsformen von arktischen und hochalpinen Zwergformen bis zu baumförmig wachsenden Arten. Die Vielfalt aller Blatt-, Blütenformen und -farben werden durch Kreuzungen verschiedener Arten und Sorten in den heutigen Züchtungen (Hybriden) in besonderer Weise und Kombination sichtbar.

Die Arten bieten mit ihrer Mannigfaltigkeit eine wichtige Ergänzung zu den anderen Sortengruppen. Der natürliche Charme der Rhododendron-Wildarten (beispielsweise die Großblättrigkeit von *R. calophytum*) passt gut in naturnahe Gärten. Im Vergleich zu den Hybriden sind sie zum Teil nicht ganz so robust oder in der Jugend blühfreudig und stellen zuweilen besondere Standortansprüche. Deshalb sind sie oft nur in Spezialbaumschulen echt erhältlich.

Foto: siehe Impressum

camtschaticum

Herkunft: Heimat: Kamtschatka, Alaska, Nord-Japan
Blüte: Purpurrot, trichterförmig, tief eingeschnitten, an langen Stielen, Einzelblüte 3–4 cm Durchmesser, Blütenstutz bestehend aus bis zu 3 Blüten, Blütezeit: Juni bis August, Nachblüte im Herbst
Blatt: Sommergrün, Herbstfärbung orange
Wuchs: Zwergstrauch, ausgebreitet niederliegend, Höhe (10 Jahre) etwa 15 cm, Breite (10 Jahre) etwa 50 cm
Winterhärtezone: 5
Bemerkung: Wertvolles Steingartengehölz für kühl-feuchte Lagen, späte Blütezeit

© Hachmann

Canadense-Hybride 'Fraseri'

Herkunft: Züchtung: Georg Fraser (USA), 1912 eingeführt
Blüte: Intensiv hellviolett-lila, Blüte schmal und tief geschlitzt, Einzelblüte 3–4 cm Durchmesser, Blütezeit: Mitte Mai bis Ende Mai
Blatt: Sommergrün
Wuchs: Dicht kugelig, Höhe (10 Jahre) etwa 90 cm, Breite (10 Jahre) etwa 120 cm
Winterhärtezone: 5
Bemerkung: Seltene, sehr winterharte Azaleen-Hybride mit besonders zierender Blütenform und -farbe

Haematodes-Hybride Lisetta®

Herkunft: Züchtung: Hans Hachmann, 2001 eingeführt
Blüte: Rot, nicht verblassend, bereits als kleine Pflanze reichblühend, Einzelblüte 5–6,5 cm Durchmesser, Blütenstutz bestehend aus 16–20 Blüten, Blütezeit: Anfang Mai bis Mitte /Ende Mai
Blatt: Dunkelgrünes Laub, glänzend
Wuchs: Breit kompakt, Höhe (10 Jahre) etwa 70 cm, Breite (10 Jahre) etwa 110 cm
Winterhärtezone: 6a
Bemerkung: Leuchtendes Rot, auch für kleinere Gartenanlagen

© Hachmann

impeditum

Herkunft: Heimat: Gebirgsregionen in China (Yunnan), in 3000–5000 m Höhe
Blüte: Purpurviolett bis violettblau, trichterförmige, tief gelappte Blüten, Einzelblüte 3 cm Durchmesser, Blütenstutz bestehend aus 1–4 Blüten, Blütezeit: April bis Mai
Blatt: Dunkelgrünes Laub, Blätter oberseits im Jugendstadium blaugrün
Wuchs: Kissenförmig, dicht verzweigt, Höhe (10 Jahre) etwa 40 cm, Breite (10 Jahre) etwa 70 cm
Winterhärtezone: 6b
Bemerkung: Zwergstrauch, liebt sonnige, nährstoffarme Standorte

Foto: siehe Impressum

Foto: siehe Impressum

keleticum (Rhododendron calostrotum subsp. *keleticum)*

Herkunft: Heimat: China, Südost-Tibet, in 3000 m Höhe

Blüte: Purpurviolett, rötlich rubin getönt, Einzelblüte 3,5 cm Durchmesser, Blütenstutz bestehend aus bis zu 3 Blüten, Blütezeit: Ende Mai bis Anfang Juni

Blatt: Immergrün, dunkelgrünes Laub glänzend, Blätter unterseits bräunlich beschuppt

Wuchs: Teppichbildend, dicht kompakt, Höhe (10 Jahre) etwa 20 cm, Breite (10 Jahre) etwa 45 cm

Winterhärtezone: 6a

Bemerkung: Zwergige, reichblühende Wildart, die eher einen feuchten Boden verlangt

© Floramedia

luteum

Herkunft: Heimat: Kaukasus, Nord-Türkei, Polen

Blüte: Sattgelb, Kelch röhren- bis trichterförmig, meist stark duftend, Einzelblüte 5–6 cm Durchmesser, Blütenstutz bestehend aus 7–12 Blüten, Blütezeit: Ende Mai bis Anfang Juni

Blatt: Sommergrün, Blätter oberseits grün, unterseits graugrün

Wuchs: Breit aufrecht, etwas locker, Höhe (10 Jahre) etwa 160 cm, Breite (10 Jahre) etwa 180 cm

Winterhärtezone: 5

Bemerkung: Intensiv duftend, Sämlinge sind unterschiedlich gesund gegenüber Mehltaubefall

Makinoi-Hybride 'Makiyak'

Herkunft: Züchtung: Werner Wüstemeyer, 1989 eingeführt
Blüte: Hellrosa bis rosig weiß, kleine goldbraune Zeichnung, Einzelblüte 4,5 cm Durchmesser, Blütenstutz bestehend aus 10 Blüten, Blütezeit: Mitte Mai bis Anfang Juni
Blatt: Dunkelgrünes, leicht glänzendes Laub, schmal elliptisch, nach außen gewölbt, junger Austrieb silbrig weiß behaart
Wuchs: Sehr dicht kompakt, Höhe (10 Jahre) etwa 60 cm, Breite (10 Jahre) etwa 90 cm
Winterhärtezone: 6a
Bemerkung: Wie alle Makinoi-Hybriden mit einem sehr silbrig weißen Laubaustrieb im Sommer sehr attraktiv

© Hachmann

Ponticum-Hybride 'Graziella'

Herkunft: Züchtung: Günter Eschrich/Hans Hachmann, 1991 eingeführt
Blüte: Hellrosa, kleine weinrote Zeichnung, locker überhängend, mit rotbrauner Winterknospe, Einzelblüte 4,5–5,5 cm Durchmesser, Blütenstutz bestehend aus 7–12 Blüten, Blütezeit: Mai bis Anfang Juni
Blatt: Immergrün, mitelgrünes Laub, schmal lanzettliche Belaubung, glänzend
Wuchs: Breit runder Strauch, Höhe (10 Jahre) etwa 80 cm, Breite (10 Jahre) 130 cm
Winterhärtezone: 6a
Bemerkung: Sehr zierendes, schmales Laub

Foto: siehe Impressum

Foto: siehe Impressum

Wardii-Hybride 'Goldprinz' (syn. 'Goldschatz')®

Herkunft: Züchtung: Hans Hachmann, 1995 eingeführt
Blüte: Intensiv goldgelb, mit weinroter Zeichnung und kleinem rotem Basalfleck, Einzelblüte 6,5 cm Durchmesser, Blütenstutz bestehend aus 15–17 Blüten, Blütezeit: 2. Maihälfte
Blatt: Dunkelgrünes Laub, glänzend
Wuchs: Kompakt, schwachwüchsig breit rund bis breit aufrecht, Höhe (10 Jahre) etwa 80 cm, Breite (10 Jahre) etwa 90 cm
Winterhärtezone: 6b
Bemerkung: Sehr schöne, leuchtend gelbe Wardii-/Yakushimanum-Kreuzung, in strengeren Wintern leichter Winterschutz empfehlenswert

Japanische Azaleen

Unter dem Sammelbegriff Japanische Azaleen werden niedrig bleibende, feintriebige und kleinblättrige Azaleen zusammengefasst, deren Belaubung in Mitteleuropa meist wintergrün ist, d. h. die Pflanzen verlieren spätestens im Frühjahr mit dem neuen Laubaustrieb das alte Laub.

Es sind buschige, meist dicht verzweigte, häufig flach wachsende und sehr reich blühende Azaleen, die oft weniger winterhart als immergrüne Hybriden sind. Die Pflanzen werden selten höher als 1 m. Sie haben große Ähnlichkeit mit unseren bekannten „Topfazaleen" *(R. simsii)*, die jedoch nicht winterhart sind.

Die Blütezeit erstreckt sich meist je nach Sorte von Anfang Mai bis Ende Juni. Die Blüten weisen ein Farbspektrum von Weiß über alle Pastelltöne auf. Neuerdings gibt es auch gefüllt blühende Sorten. Bei einigen Sorten ist auch das Herbst- und Winterlaub sehr zierend. Die meisten Sorten sind in Europa entstanden, stammen aber von Arten ab, die überwiegend in Japan beheimatet sind. Ältere Sorten lassen sich bestimmten Gruppen zuordnen, die auf einzelne Züchter (z. B. Arendsii- und Aronense-Hybriden, Diamant-Azaleen) oder den eingekreuzten Wildarten (z. B. Kaempferi-Azaleen) zurückgehen. Moderne, aus Sortenkreuzungen entstandene Hybriden lassen sich aber nicht mehr zuordnen.

Aufgrund ihres besonders flachen Wurzelsystems muss stets auf eine gleichbleibende Bodenfeuchtigkeit geachtet werden. Dieses gilt auch für trockene Herbst- und gegebenenfalls auch Winterperioden. In frostgefährdeten Lagen oder bei jüngeren Pflanzen empfiehlt sich ein Wurzelschutz mit Laub und ein Schutz mit Fichtenreisig o. Ä. gegen lang anhaltende Ostwinde oder Wintersonne.

Japanische Azaleen eignen sich besonders gut für Gruppen- und Vorpflanzungen, sind aber auch im Einzelstand äußerst wirkungsvoll in Heide-, Japan- oder Steingärten, in Pflanzkübeln und Steintrögen, auf Terrassen und ähnlichen Standorten, sollten jedoch etwas windgeschützt stehen. Ebenso zählen schmale Rabatten an Hauswänden oder Gartenmauern zu den bevorzugten Pflanzplätzen für diese niedrig wachsende Hybridengruppe.

© G. Seybert Konzept: MERULIN Gartenbauservice, M. Ceulaers

'Änne'

Herkunft: Züchtung: Paul Wensing, 1999 entstanden
Blüte: Helles Lila, violett gezeichnet, Einzelblüte 2,5–3,5 cm, einzeln oder zu 2–3 zusammenstehend, Blütezeit: letztes Maidrittel bis erste Juniwoche
Blatt: Dunkelgrünes, glänzendes Laub, elliptisch
Wuchs: Breit bis flach kompakt, Höhe bis 70 cm
Winterhärtezone: 6a
Bemerkung: Neue, sehr kompakte Sorte mit glänzendem Laub

Foto: siehe Impressum

'Canzonetta'

Herkunft: Züchtung: Hans Hachmann, 1987 eingeführt
Blüte: Karminrötlich bis rötlich rosa, Einzelblüte 4,5–6 cm Durchmesser, Blütenstutz bestehend aus 6–7 Blüten, Blütezeit: Mitte Mai bis Anfang Juni
Blatt: Dunkelgrünes Laub, im Winter bronzegrün
Wuchs: Dicht, flach rund bis breit kompakt, Höhe (10 Jahre) etwa 35 cm, Breite (10 Jahre) etwa 80 cm
Winterhärtezone: 6a
Bemerkung: Gut das dunkle Winterlaub haltend

Diamant Rosa®

Herkunft: Züchtung: Carl Fleischmann, 1969 eingefüht
Blüte: Reinrosa, innen etwas aufgehellt mit kleiner rötlicher Zeichnung, Einzelblüte 3 cm Durchmesser, Blütenstutz bestehend aus 2–4 Blüten, Blütezeit: zweite Maihälfte
Blatt: Mittelgrünes Laub
Wuchs: Dicht kompakt, flach rund, Höhe (10 Jahre) etwa 40 cm, Breite (10 Jahre) etwa 80 cm
Winterhärtezone: 6a
Bemerkung: Gut winterhart, es gibt weitere, gute Diamant-Azaleen in anderen Pastelltönen

© Floramedia

Diamant Purpur®

Herkunft: Züchtung: Carl Fleischmann, 1969 eingeführt
Blüte: Purpur mit lilarosa Tönung, schwache rötliche Zeichnung, Einzelblüte 2,5–3 cm Durchmesser, Blütenstutz bestehend aus 2–4 Blüten, Blütezeit: Mitte Mai bis Anfang Juni
Blatt: Mittelgrünes Laub
Wuchs: Dicht kompakt, flach rund, Höhe (10 Jahre) etwa 30 cm, Breite (10 Jahre) etwa 80 cm
Winterhärtezone: 6a
Bemerkung: Gut winterhart und reich blühend

© Floramedia

Foto: siehe Impressum

Diamant Weiss®

Herkunft: Züchtung: E. A. Stöckmann, 1979 eingeführt
Blüte: Reinweiß, innen kleine grüne Zeichnung, Einzelblüte 3–3,5 cm Durchmesser, Blütenstutz bestehend aus 2–4 Blüten, Blütezeit: Mitte Mai bis Ende Mai
Blatt: Mittelgrünes Laub
Wuchs: Dicht kompakt, breit rund, Höhe (10 Jahre) etwa 40 cm, Breite (10 Jahre) etwa 90 cm
Winterhärtezone: 6a
Bemerkung: Gut winterhart und reichblühend

© Hachmann

Drapa®

Herkunft: Züchtung: Holger Hachmann, 2004
Blüte: Karminrosa, rote Zeichnung, reichblühend, Einzelblüte 4,5–5,5 cm Durchmesser, Blütenstutz bestehend aus 2er-Blüten, Blütezeit: Anfang Juni bis Mitte/Ende Juni
Blatt: Frischgrünes Laub
Wuchs: Kompakt, flach rund, Höhe (10 Jahre) etwa 30 cm, Breite (10 Jahre) etwa 70 cm
Winterhärtezone: 6a
Bemerkung: Reichblühende Neuzüchtung mit später Blütezeit

Eisprinzessin®

Herkunft: Züchtung: Hans Hachmann, 1998 eingeführt
Blüte: Gefüllt, reinweiß, Einzelblüte 6 cm Durchmesser, Blütenstutz aus 13–15 Einzelblüten, Blütezeit: Mitte Mai bis Anfang Juni
Blatt: Frischgrünes Laub
Wuchs: Dicht kompakt, flach, Höhe (10 Jahre) etwa 30 cm, Breite (10 Jahre) etwa 55 cm
Winterhärtezone: 6a
Bemerkung: Späte und lange Blütezeit, gefüllte Blüte

Feenkissen®

Herkunft: Züchtung: Holger Hachmann, 2009 eingeführt
Blüte: Gefüllt, reinweiß, Staubgefäße und Kronblätter gekräuselt, Einzelblüte 5–5,5 cm Durchmesser, Blütenstutz aus 2–3 Blüten, Blütezeit: Mitte/Ende Mai bis Mitte Juni
Blatt: Dunkelgrünes Laub, glänzend, fast den ganzen Winter haftend
Wuchs: Dicht kompakt bis flach kugelig, Höhe (10 Jahre) etwa 25 cm, Breite (10 Jahre) etwa 50 cm
Winterhärtezone: 6a
Bemerkung: Neuzüchtung mit stark gefüllten Blüten

Foto: siehe Impressum

'Fridoline'

Herkunft: Züchtung: Hans Hachmann, 1987 eingeführt
Blüte: Sonnenbeständiges Reinrot mit kleiner dunkelroter Zeichnung, Einzelblüte 4–4,5 cm Durchmesser, Blütenstutz bestehend aus 2–3 Blüten, Blütezeit: zweite Maihälfte
Blatt: Dunkelgrünes Laub
Wuchs: Dicht, breit kompakt, Höhe (10 Jahre) etwa 40 cm, Breite (10 Jahre) etwa 60 cm
Winterhärtezone: 6a
Bemerkung: Beste rot blühende Japanische Azalee, da nicht verblassend

Foto: siehe Impressum

'Haruko' (syn. 'Geisha Dunkellila')

Herkunft: Züchtung: Werner Arends, 1962 eingeführt
Blüte: Rubinrot bis hellpurpur mit doppeltem Blütenkelch, innen rötlich gestreift, Einzelblüte 2,5–3 cm Durchmesser, Blütenstutz bestehend aus 3–7 Blüten, Blütezeit: Mitte Mai bis Anfang Juni
Blatt: Dunkelgrünes Laub
Wuchs: Dicht, breit kompakt, Höhe (10 Jahre) etwa 40 cm, Breite (10 Jahre) etwa 90 cm
Winterhärtezone: 7a
Bemerkung: Altbekannte und bewährte Sorte

'Kermesina'

Herkunft: Züchtung: Georg Arends, vor 1950 eingeführt
Blüte: Rubinrosa mit rötlicher Tönung und kleiner rötlicher Zeichnung, Einzelblüte 2,5–3,5 cm, Blütenstutz bestehend aus 3–4 Blüten, Blütezeit: Mitte Mai bis Anfang Juni
Blatt: Mittelgrünes Laub
Wuchs: Dicht, breit kompakt, Höhe (10 Jahre) etwa 80 cm, Breite (10 Jahre) etwa 110 cm
Winterhärtezone: 5
Bemerkung: Üppig blühende, gut winterharte Sorte

Foto: siehe Impressum

'Kermesina Alba'

Herkunft: Züchtung: August Wemken, 1982 eingeführt
Blüte: Reinweiß mit kleiner grüngelber Zeichnung, Einzelblüte 2,5–3,5 cm, Blütenstutz bestehend aus 3–4 Blüten, Blütezeit: Mitte Mai bis Anfang Juni
Blatt: Mittelgrünes Laub
Wuchs: Dicht, breit kompakt, Höhe (10 Jahre) etwa 35 cm, Breite (10 Jahre) etwa 70 cm
Winterhärtezone: 6a
Bemerkung: Schwächer im Wuchs als 'Kermesina'

Foto: siehe Impressum

Foto: siehe Impressum

'Kermesina Rosé'

Herkunft: Züchtung: August Wemken, 1973 eingeführt
Blüte: Zweifarbig rosa mit weißem Blütensaum, Einzelblüte 2,5–3 cm Durchmesser, Blütenstutz bestehend aus 2–4 Blüten, Blütezeit: Mitte Mai bis Anfang Juni
Blatt: Dunkelgrünes Laub
Wuchs: Kompakt, breit rund, Höhe (10 Jahre) etwa 60 cm, Breite (10 Jahre) etwa 90 cm
Winterhärtezone: 6a
Bemerkung: Mutationsfreudig, sehr reich blühend

Foto: siehe Impressum

'Königstein'

Herkunft: Züchtung: VEB Saatzucht Zierpflanzen Erfurt, 1978 eingeführt
Blüte: Purpurviolett, innen dunkelviolett gezeichnet, Einzelblüte 3,5–4 cm Durchmesser, Blütenstutz bestehend aus 2–3 Blüten, Blütezeit: Mitte Mai bis Anfang Juni
Blatt: Dunkelgrünes Laub
Wuchs: Dicht kompakt, Höhe (10 Jahre) etwa 50 cm, Breite (10 Jahre) etwa 80 cm
Winterhärtezone: 7a
Bemerkung: Beste einer Gruppe von Züchtungen, die nach Bergen des Elbsandsteingebirges benannt wurden

'Ledikanense'

Herkunft: Züchtung: Bohumil Kavka/M. Opatrná (CR), 1945 entstanden
Blüte: Helllila, innen große weinrote Zeichnung, Einzelblüte 6–7,5 cm Durchmesser, Blütenstutz bestehend aus 3 Blüten, Blütezeit: zweite Maihälfte
Blatt: Mittelgrünes Laub
Wuchs: Breit aufrecht, Höhe (10 Jahre) etwa 110 cm, Breite (10 Jahre) etwa 130 cm
Winterhärtezone: 5
Bemerkung: Außergewöhnliche Blütenfarbe, gut als Solitärpflanze

Foto: siehe Impressum

'Madame Albert van Hecke'

Herkunft: Züchtung: Albert van Hecke (B), 1960 eingeführt
Blüte: Rosa mit dunkelrosa Tönung, Einzelblüte 2,5–3 cm Durchmesser, Blütenstutz bestehend aus 2–3 Blüten, Blütezeit: zweite Maihälfte
Blatt: Mittelgrünes Laub
Wuchs: Dicht, rund kompakt, Höhe (10 Jahre) etwa 60 cm, Breite (10 Jahre) etwa 80 cm
Winterhärtezone: 6a
Bemerkung: Früh im Sortiment der Japanischen Azaleen blühende, robuste belgische Züchtung

Foto: siehe Impressum

Maischnee®

Herkunft: Züchtung: Hans Hachmann, 1998 eingeführt
Blüte: Reinweiß, dezente hellgrüne Zeichnung, Einzelblüten etwa 7 cm, Blütenstutz aus 2–3 Blüten bestehend, Blütezeit: Mitte/Ende Mai bis Anfang/Mitte Juni
Blatt: Mittelgrünes Laub, im Winter gut haltend
Wuchs: Niedrig bleibend bis breit kompakt, Höhe (10 Jahre) etwa 40 cm, Breite (10 Jahre) etwa 80 cm
Winterhärtezone: 6a
Bemerkung: Großblütig, im Winter gut das Laub haltend

Maraschino®

Herkunft: Züchtung: Klaus Stöckmann, 2006 eingeführt
Blüte: Tiefkarminrot, halbgefüllt, Einzelblüte 5–5,5 cm Durchmesser, Blütenstutz besteht aus 5–6 Blüten, Blütezeit: Mitte Mai bis Anfang Juni
Blatt: Mittelgrünes Laub, Herbstfärbung leuchtend braunrot
Wuchs: Breit aufrecht, Höhe (10 Jahre) etwa 50 cm, Breite (10 Jahre) etwa 80 cm
Winterhärtezone: 6a
Bemerkung: Mutante von ‘Maruschka’ mit leuchtend rotbrauner Herbstfärbung

'Maruschka'®

Herkunft: Züchtung: Hans Hachmann, 1988 eingeführt
Blüte: Karminrot bis innen tiefrot, Einzelblüte 4–5,5 cm Durchmesser, Blütenstutz bestehend aus 2–3 Blüten, Blütezeit: zweite Maihälfte bis Anfang Juni
Blatt: Dunkelgrünes Laub, glänzend, im Winter bronzefarben
Wuchs: Dicht, rund kompakt, Höhe (10 Jahre) etwa 55 cm, Breite (10 Jahre) etwa 80 cm
Winterhärtezone: 7a
Bemerkung: Schönes bronzefarbenes Winterlaub, Blüte nicht verblassend

Foto: siehe Impressum

'Melina'

Herkunft: Züchtung: Hans Hachmann, 1991 eingeführt
Blüte: Purpurrosa, teils mit gefüllten Blüten, Einzelblüte 4,5–5,5 cm Durchmesser, Blütenstutz bestehend aus 2–4 Blüten, Blütezeit: Mitte Mai bis Anfang Juni
Blatt: Dunkelgrünes Laub, glänzend
Wuchs: Kissenartig, flach kompakt, Höhe (10 Jahre) etwa 30 cm, Breite (10 Jahre) etwa 70 cm
Winterhärtezone: 6a
Bemerkung: Sehr reichblühend, kissenartiger Wuchs

Foto: siehe Impressum

© G. Seybert Konzept: MERULIN Gartenbauservice, M. Ceulaers

'Minna-Ida'

Herkunft: Züchtung: Paul Wensing, 1999 entstanden
Blüte: Altrosa mit kräftiger, dunkler Zeichnung, Einzelblüte klein, 2,5–3 cm Durchmesser, Blütenstutz bestehend aus 3–5 Einzelblüten, Blütezeit: letztes Maidrittel bis erste Juniwoche
Blatt: Mittelgrünes Laub, breit elliptisch
Wuchs: Breit aufrecht, kompakt, Höhe bis 70 cm
Winterhärtezone: 6a
Bemerkung: Sehr reichblühende, kompakte Neuzüchtung

© Hachmann

Negligé® (syn. 'Dalina')

Herkunft: Züchtung: Holger Hachmann, 2009 eingeführt
Blüte: Halbgefüllt, hellrosa, hellrosa Blütensaum, weiß gelblicher Blütenschlund, Blütezeit: Mitte/Ende Mai bis Mitte Juni
Blatt: Frischgrünes Laub, im Winter lange haltend
Wuchs: Breit buschig, Höhe (10 Jahre) etwa 50 cm, Breite (10 Jahre) etwa 80 cm
Winterhärtezone: 6b
Bemerkung: Neuheit mit zartrosa, halbgefüllten Blüten

'Purpurkissen'Ⓢ

Herkunft: Züchtung: Hans Hachmann, 1993 eingeführt
Blüte: Karminrot mit roter Zeichnung und gewelltem Saum, Einzelblüte 5–6 cm Durchmesser, Blütenstutz bestehend aus 2–3 Blüten, Blütezeit: Mitte Mai bis Anfang Juni
Blatt: Dunkelgrünes Laub, glänzend
Wuchs: Kissenförmig, dicht kompakt, Höhe (10 Jahre) etwa 40 cm, Breite (10 Jahre) etwa 90 cm
Winterhärtezone: 6a
Bemerkung: Überreich blühend und gut das Winterlaub haltend

Foto: siehe Impressum

'Purpurtraum'

Herkunft: Züchtung: August Wemken, vor 1990 eingeführt
Blüte: Violettrot bis purpurrot, Blütenränder leicht gewellt, Einzelblüte 3–3,5 cm Durchmesser, Blütenstutz bestehend aus 3–4 Blüten, Blütezeit: Mitte Mai bis Anfang Juni
Blatt: Dunkelgrünes Laub, glänzend
Wuchs: Breit kompakt, Höhe (10 Jahre) etwa 60 cm, Breite (10 Jahre) etwa 80 cm
Winterhärtezone: 6a
Bemerkung: Gute purpurfarbene Sorte

Foto: siehe Impressum

Foto: siehe Impressum

'Rosalind' (syn. 'Hachmann's Rosalind')

Herkunft: Züchtung: Hans Hachmann, 1975 eingeführt
Blüte: Reinrosa, innen kleine, rötliche Zeichnung, Einzelblüte 4–5 cm Durchmesser, Blütenstutz bestehend aus 3–7 Blüten, Blütezeit: Mitte Mai bis Anfang Juni
Blatt: Dunkelgrünes Laub
Wuchs: Breit aufrecht, Höhe (10 Jahre) etwa 110 cm, Breite (10 Jahre) etwa 130 cm
Winterhärtezone: 5
Bemerkung: Locker aufrecht wachsende, winterharte Sorte

Foto: siehe Impressum

Rosinetta®

Herkunft: Züchtung: Hans Hachmann, 1998 eingeführt
Blüte: Reinrosa, Blüten dicht gefüllt, Einzelblüte 4,5–5,5 cm Durchmesser, Blütenstutz bestehend aus 2–3 Blüten, Blütezeit: Mitte Mai bis Anfang Juni
Blatt: Dunkelgrünes Laub, glänzend
Wuchs: Breit kompakt, Höhe (10 Jahre) etwa 50 cm, Breite (10 Jahre) etwa 70 cm
Winterhärtezone: 6a
Bemerkung: Überreich rosa, rosettenartig gefüllte Blüte

'Satschiko' (syn. 'Geisha Orange')

Herkunft: Züchtung: Werner Arends, vor 1971 eingeführt
Blüte: Helllachs bis orangefarben, Einzelblüte 4–4,5 cm Durchmesser, Blütenstutz bestehend aus 2–4 Blüten, Blütezeit: zweite Maihälfte
Blatt: Mittelgrünes Laub, glänzend
Wuchs: Dicht, rund kompakt, Höhe (10 Jahre) etwa 40 cm, Breite (10 Jahre) etwa 70 cm
Winterhärtezone: 5
Bemerkung: Sehr reichblühende und winterharte Züchtung

Foto: siehe Impressum

Schneeperle®

Herkunft: Züchtung: Hans Hachmann, 1998 eingeführt
Blüte: Reinweiß mit gefüllten Blüten, Einzelblüte 4,5 cm Durchmesser, Blütenstutz bestehend aus 2 Blüten, Blütezeit: Mitte Mai bis Anfang/Mitte Juni
Blatt: Dunkelgrünes Laub, glänzend
Wuchs: Dicht, rund kompakt, Höhe (10 Jahre) etwa 35 cm, Breite (10 Jahre) etwa 55 cm
Winterhärtezone: 5
Bemerkung: Gefüllte Blüten, späte Blütezeit

Foto: siehe Impressum

© LWK Nds.

'Schneewittchen'

Herkunft: Züchtung: Hans Hachmann, 1980 eingeführt
Blüte: Reinweiß, innen mit gelbgrüner Zeichnung, Einzelblüte 3–4 cm Durchmesser, Blütenstutz bestehend aus 3–5 Blüten, Blütezeit: Mitte Mai bis Anfang Juni
Blatt: Mittelgrünes Laub
Wuchs: Breit, rund kompakt, Höhe (10 Jahre) etwa 50 cm, Breite (10 Jahre) etwa 90 cm
Winterhärtezone: 6a
Bemerkung: Reinweiße Sorte mit kissenartigem Wuchs

© G. Seybert Konzept: MERULIN Gartenbauservice, M. Ceulaers

'Vera-Maja'®

Herkunft: Züchtung: Paul Wensing, 1999 entstanden
Blüte: Purpurrot mit kleiner Zeichnung, Einzelblüte 2,5–3 cm, Blütenstutz bestehend aus 2–3 Einzelblüten, Blütezeit: letztes Maidrittel bis erste Juniwoche
Blatt: Mittelgrün, breit elliptisch
Wuchs: Breit buschig, Höhe bis 60 cm
Winterhärtezone: 6a
Bemerkung: Neuheit mit leuchtend purpurroter Blüte

Sommergrüne Rhododendron-Hybriden

Alle Gruppen der sommergrünen Rhododendron („Azaleen") -Hybriden sind durch Kreuzung entstanden. Obwohl alle Azaleen botanisch zu den Rhododendron gehören, hat sich der früher bekannte Name „Azalea" aus praktischen Gründen in den Baumschulen bis heute erhalten.

Die Eltern der heutigen Sorten stammen aus Ostasien, Kleinasien und Nordamerika. Seit etwa 1820 haben belgische, niederländische und englische, später auch deutsche Gärtner versucht, durch die Kombination verschiedener Arten, später auch von Sorten, neue Sorten zu erzielen, die ihre Eltern in Bezug auf Blütengröße, Blühwilligkeit, Farbkonstanz der Blüten, Wüchsigkeit und Gesundheit übertreffen.

Unter den sommergrünen, d. h. laubabwerfenden Azaleen sind die Knap-Hill-Hybriden heute die bekannteste und am weitesten verbreitete Gruppe. Die hervorstechenden Merkmale dieser Hybrid-Gruppe sind:

- Jährlich überreiche Blütenfülle mit großen, weit geöffneten Blüten; bei manchen Sorten treten auch gefüllte oder duftende Blüten auf.
- Außergewöhnliche Farbenvielfalt mit neuen Farbtönen und enormer Leuchtkraft.
- Gesunder Wuchs und Anpassungsfähigkeit an weniger günstige Böden.
- Besonders für sonnige Standorte sehr gut geeignet.
- Wunderschöne Herbstlaubfärbung von Orange bis Bronzerot.
- Alle Sorten sind vollkommen winterhart bis −30 °C.

Die Blütezeit erstreckt sich von Mitte Mai bis Mitte Juni. Azalea-Rustica-Hybriden zeigen gefüllte Blüten. Bei *R. luteum (Azalea pontica)* sind Sorten mit gefüllten und duftenden Blüten zu finden. Occidentalis-Hybriden haben ebenfalls duftende Blüten mit einem von *R. occidentale* geerbten Fleck. Die duftenden Blüten der *R. Viscosum (A. viscosa)*-Hybriden sind eher klein und entwickeln sich erst im Juni.

Zahlreiche sommergrüne Rhododendron zeichnen sich durch kräftige Blütenfarben in Weiß, Gelb, Orange und Rot aus, die in ihrer Intensität bei immergrünen Arten und Sorten nicht vorkommen. Bei der Planung von Pflanzenzusammenstellungen mit sommergrünen Rhododendron kann es beispielweise im Gegensatz zu Mischpflanzungen von Japanischen Azaleen leicht zu unharmonischen Farbkombinationen kommen.

Die Pflanzenhöhe von *Azalea mollis, Azalea rustica* und *Azalea viscosa* liegt bei ca. 1,5 m, die anderen Gruppen erreichen Höhen von 2–3 m. Sie vertragen auch einen stärkeren Rückschnitt gut, wenn die Pflanzen gesund sind. In ihren Standortansprüchen unterscheiden sich sommergrüne Rhododendron nicht von ihren immergrünen Verwandten. Durch den Verlust ihrer Blätter haben sie im Winter naturgemäß einen Vorteil und sind deshalb meist robuster und frosthärter.

Sie lassen sich gut verwenden als Farbkontrast in Kombination mit immergrünen Rhododendron-Hybriden oder benachbart mit ruhig wirkenden Nadelgehölzen. Das gilt vor allem auch für den hohen Zierwert des Herbstlaubes. Einzeln oder in kleinen Gruppen bieten diese Züchtungen mit ihrem hohen Schmuckwert und guter Fernwirkung wirkungsvolle Gestaltungsmöglichkeiten.

© Floramedia

‘Coccinea Speciosum’

Herkunft: Züchtung: L. Sénéclaude (B), 1843 eingeführt

Blüte: Orange, innen etwas rötlich gestreift, weit herausragende, rote Staubgefäße, Einzelblüte 4–4,5 cm Durchmesser, Blütenstutz bestehend aus 4–9 Blüten, Blütezeit: Ende Mai bis Mitte Juni

Blatt: Dunkelgrünes Laub, glänzend

Wuchs: Breit rund, kompakt, Höhe (10 Jahre) etwa 120 cm, Breite (10 Jahre) etwa 140 cm

Winterhärtezone: 5

Bemerkung: Alte, spät blühende Genter-Hybride, ausdrucksvoller, etagenförmiger Wuchs, durch schwierige Vermehrung schwer sortenecht erhältlich, im Handel als ‘Coccinea Speciosa’

© Floramedia

‘Corneille’

Herkunft: Züchtung: C. Vuylsteke (B), um 1900 eingeführt

Blüte: Hellrosa, innen rosettenartig gefüllt, Einzelblüte 3,5–4,5 cm Durchmesser, Blütenstutz bestehend aus 7–11 Blüten, Blütezeit: letzte Maiwoche bis Mitte Juni

Blatt: Dunkelgrünes Laub

Wuchs: Kompakt bis breit aufrecht, Höhe (10 Jahre) etwa 110 cm, Breite (10 Jahre) etwa 140 cm

Winterhärtezone: 5

Bemerkung: Altbekannte Genter-Hybride mit rosettenartig gefüllten Blüten

'Fanny' (syn. 'Pucella')

Herkunft: Züchtung: P. Mortier (B), um 1825 entstanden
Blüte: Hellrosa, innen karminrosa, kleiner orangegelber Fleck, lange, hervorragende Staubfäden, Einzelblüte 4,5 cm Durchmesser, Blütezeit: Ende Mai bis Mitte Juni
Blatt: Dunkelgrünes Laub, glänzend
Wuchs: Breit, dicht kompakt, Höhe (10 Jahre) etwa 90 cm, Breite (10 Jahre) etwa 130 cm
Winterhärtezone: 5
Bemerkung: Altbewährte, leider eher selten erhältliche Pontische Azaleen-Sorte

Foto: siehe Impressum

'Feuerwerk'

Herkunft: Züchtung: Hans Hachmann, 1977 eingeführt
Blüte: Leuchtend orangerot, innen orange geflammt, schwach duftend, Einzelblüte 7–8 cm Durchmesser, Blütenstutz bestehend aus 7–11 Blüten, Blütezeit: Ende Mai bis Mitte Juni
Blatt: Dunkelgrünes Laub, glänzend
Wuchs: Etwas locker, breit aufrecht, Höhe (10 Jahre) etwa 150 cm, Breite (10 Jahre) etwa 120 cm
Winterhärtezone: 5
Bemerkung: Große, leuchtende Blüten, Belaubung während des Austriebs tief bronzefarben

Foto: siehe Impressum

© Floramedia

'Fireball'

Herkunft: Züchtung: L. Rothschild (GB), 1951 entstanden

Blüte: Tieforange bis orangerot mit weit offenem Blütensaum, Einzelblüte 4–6 cm Durchmesser, Blütenstutz bestehend aus 9–12 Blüten, Blütezeit: Ende Mai bis Mitte Juni

Blatt: Dunkelgrünes Laub, glänzend

Wuchs: Breit aufrecht, Höhe (10 Jahre) etwa 160 cm, Breite (10 Jahre) etwa 130 cm

Winterhärtezone: 5

Bemerkung: Belaubung im Austrieb tiefrot, bronzefarbene Herbstfärbung

Foto: siehe Impressum

'Fridtjof Nansen'

Herkunft: Carl Fleischmann, um 1970 eingeführt

Blüte: Orange bis orangerot mit gelb-orangerotem Fleck, Einzelblüte 5–7,5 cm Durchmesser, Blütenstutz bestehend aus 8–10 Blüten, Blütezeit: Ende Mai bis Mitte Juni

Blatt: Dunkelgrünes Laub, glänzend

Wuchs: Locker, breit aufrecht, Höhe (10 Jahre) etwa 130 cm, Breite (10 Jahre) etwa 90 cm

Winterhärtezone: 5

Bemerkung: Sehr leuchtkräftige, mittlerweile nur selten erhältliche Sorte

'Gibraltar'

Herkunft: Züchtung: L. Rothschild (GB), 1947 entstanden
Blüte: Reinorange mit rötlichen Tönungen und stark gekräuseltem Saum, später rotorange, Einzelblüte 5–7 cm Durchmesser, Blütenstutz bestehend aus 8–15 Blüten, Blütezeit: Mitte Mai bis Anfang Juni
Blatt: Dunkelgrünes Laub, glänzend, im Austrieb schwach braun getönt
Wuchs: Breit aufrecht, Höhe (10 Jahre) etwa 160 cm, Breite (10 Jahre) etwa 180 cm
Winterhärtezone: 5
Bemerkung: Eine der besten und leuchtkräftigsten orangefarbenen Sorten, bereits als kleine Pflanze sehr reich blühend

Foto: siehe Impressum

'Golden Eagle'

Herkunft: Züchtung: Knap Hill Nursery (GB), 1949 entstanden
Blüte: Hellorange, innen goldorange getönt, Einzelblüte 5–6 cm Durchmesser, Blütenstutz bestehend aus 6–11 Blüten, Blütezeit: Mitte Mai bis Anfang Juni
Blatt: Dunkelgrünes Laub
Wuchs: Locker aufrecht, Höhe (10 Jahre) etwa 180 cm, Breite (10 Jahre) etwa 150 cm
Winterhärtezone: 5
Bemerkung: Altbewährte Sorte

© Floramedia

© Hachmann

'Golden Lights'

Herkunft: Züchtung: Minnesota Landscape Arboretum (USA), 1985 eingeführt
Blüte: Leuchtend hellgelborange, dunklerer Fleck, partiell lachsfarbener Saum, süßlich duftend, große, einzeln stehende Blütenbälle aus 8–13 Blüten, Blütezeit: Anfang/Mitte Mai bis Ende Mai
Blatt: Dunkelgrünes Laub
Wuchs: Locker breit aufrecht, Höhe (10 Jahre) etwa 140 cm, Breite (10 Jahre) etwa 140 cm
Winterhärtezone: 4
Bemerkung: Süßlich duftende, besonders winterharte und gesunde Züchtung aus den USA, andere Prinophyllum-Sorten: 'Rosy Lights', 'White Lights'

© Floramedia

'Goldpracht'

Herkunft: Züchtung: Hans Hachmann, 1983 eingeführt
Blüte: Goldgelb, großer orangegelber Fleck; Einzelblüte 6,5–7,5 cm Durchmesser; Blütenstutz bestehend aus 7–9 Blüten, Blütezeit: 2. Maihälfte
Blatt: Dunkelgrünes Laub
Wuchs: Breit kompakt, Höhe (10 Jahre) etwa 110 cm, Breite (10 Jahre) etwa 130 cm
Winterhärtezone: 5
Bemerkung: Neue Sorte mit köpfchenartigen Blütenbällen, Farbe auch in voller Sonne gut haltbar

'Goldköpfchen'

Herkunft: Züchtung: Hans Hachmann, 2002 eingeführt
Blüte: Orangerot, gelborange Mittelader, Einzelblüte 4,5–6 cm, Blütenstutz besteht aus 9–16 Blüten, Blütezeit: Mitte/Ende Mai bis Mitte Juni
Blatt: Dunkelgrünes Laub
Wuchs: Aufrecht, Höhe (10 Jahre) etwa 150 cm, Breite (10 Jahre) etwa 130 cm
Winterhärtezone: 5
Bemerkung: Neue Sorte mit köpfchenartigen Blütenbällen, Farbe auch in voller Sonne gut haltbar

© Hachmann

'Goldtopas'

Herkunft: Züchtung: Hans Hachmann, 1983 eingeführt
Blüte: Leuchtend gelb, innen großer, orangefarbener Fleck, leichter Duft, Einzelblüte 7,5–9 cm Durchmesser, Blütenstutz bestehend aus 9–10 Blüten, locker, überhängend, Blütezeit: zweite Maihälfte
Blatt: Mittelgrünes Laub
Wuchs: Breit kompakt, Höhe (10 Jahre) etwa 110 cm, Breite (10 Jahre) etwa 140 cm
Winterhärtezone: 5
Bemerkung: Effektvolle Nah- und Fernwirkung

Foto: siehe Impressum

Foto: siehe Impressum

'Homebush'

Herkunft: Züchtung: Waterer (GB), vor 1925 entstanden
Blüte: Rosa, rosettenartig, halbgefüllte Blüten, Einzelblüte 3–4 cm Durchmesser, Blütenstutz bestehend aus 12–18 Blüten, Blütezeit: Mitte Mai bis Anfang Juni
Blatt: Dunkelgrünes Laub
Wuchs: Locker-aufrecht, Höhe (10 Jahre) etwa 150 cm, Breite (10 Jahre) etwa 130 cm
Winterhärtezone: 5
Bemerkung: Altbekannte Sorte mit ballförmigen Blütenständen

Foto: siehe Impressum

'Irene Koster'

Herkunft: Züchtung: Koster & Co. (NL), vor 1925 eingeführt
Blüte: Hellrosa mit dunkelrosa Streifen, Zeichnung gelborange, süßlich duftend, Einzelblüte 7 cm Durchmesser, Blütenstutz bestehend aus 9–13 Blüten, Blütezeit: Ende Mai bis Mitte Juni
Blatt: Dunkelgrünes Laub
Wuchs: Locker-aufrecht, Höhe (10 Jahre) etwa 160 cm, Breite (10 Jahre) etwa 140 cm
Winterhärtezone: 5
Bemerkung: Alte Sorte mit duftenden Blüten

'Juniduft'

Herkunft: Züchtung: Hans Hachmann, 2001 eingeführt
Blüte: Zartrosa, innen und außen bis rosaweiß aufgehellt, goldgelbe Fleckzeichnung, Einzelblüte 5,5 cm Durchmesser, Blütenstutz aus 12 Einzelblüten, süßlich duftend, Blütezeit: Anfang Juni bis Mitte/Ende Juni
Blatt: Dunkelgrünes Laub
Wuchs: Dicht, breit kompakt bis aufrecht, Höhe (10 Jahre) etwa 120 cm, Breite (10 Jahre) etwa 130 cm
Winterhärtezone: 5
Bemerkung: Wie alle Viscosum-Hybriden spät blühend und duftend, weitere Hybriden: 'Karminduft' (rubinrot), 'Sommerduft' (weiß)

© Hachmann

'Klondyke'

Herkunft: Züchtung: Lyonel de Rothschild (GB), 1947 entstanden
Blüte: Goldgelb, etwas rötlich orange geflammt, Einzelblüte 6–8 cm Durchmesser, Blütenstutz bestehend aus 7–10 Blüten, Blütezeit: Ende Mai bis Mitte Juni
Blatt: Dunkelgrünes Laub, im Austrieb tiefbraunrot
Wuchs: Kompakt, breit aufrecht, Höhe (10 Jahre) etwa 130 cm, Breite (10 Jahre) etwa 120 cm
Winterhärtezone: 5
Bemerkung: Bestens bekannte und geschätzte Sorte, sehr schöner Herbstfärber

Foto: siehe Impressum

Foto: siehe Impressum

'Nabucco'

Herkunft: Züchtung: Hans Hachmann, 1987 eingeführt
Blüte: Dunkelrot, innen leicht orange getönt, Einzelblüte 6,5–7,5 cm Durchmesser, Blütenstutz bestehend aus 8–9 Blüten, Blütezeit: Mitte Mai bis Anfang Juni
Blatt: Dunkelgrünes Laub, glänzend
Wuchs: Locker aufrecht, Höhe (10 Jahre) etwa 140 cm, Breite (10 Jahre) etwa 120 cm
Winterhärtezone: 5
Bemerkung: Rote Blütenfarbe gut sonnenbeständig

© Hachmann

'Narcissiflorum'

Herkunft: Züchtung: Jacob Rinz (B), vor 1855 entstanden
Blüte: Hellgelb, halbgefüllt, duftend, Einzelblüte 3–3,5 cm, Blütenstutz bestehend aus 12–15 Blüten, Blütezeit: Mitte Mai bis Anfang Juni
Blatt: Dunkelgrünes Laub
Wuchs: Aufrecht, Höhe (10 Jahre) etwa 120 cm, Breite (10 Jahre) etwa 170 cm
Winterhärtezone: 5
Bemerkung: Unempfindlich gegen Mehltau, leider selten erhältliche, alte Genter-Hybride; im Handel als 'Narcissiflora'

‘Parkfeuer’

Herkunft: Züchtung: Hans Hachmann, 1983 eingeführt
Blüte: Rot, innen orangerot, weiße Staubgefäße, Einzelblüte 5–7 cm Durchmesser, Blütenstutz bestehend aus 7–15 Blüten, Blütezeit: Ende Mai bis Mitte Juni
Blatt: Dunkelgrünes Laub
Wuchs: Starkwüchsig, aufrecht, Höhe (10 Jahre) etwa 180 cm, Breite (10 Jahre) etwa 140 cm
Winterhärtezone: 5
Bemerkung: Besonders starkwüchsige Sorte, leuchtendes Rot

© Hachmann

‘Satomi’ (syn. ‘Hachmann’s Satomi’)

Herkunft: Züchtung: Hans Hachmann, 1990 eingeführt
Blüte: Weißrosa bis rosa, außen und am Rand innen rosa geflammt, kleiner goldgelber Fleck, Einzelblüte 7,5–8,5 cm Durchmesser, Blütenstutz bestehend aus 7–9 Blüten, Blütezeit: zweite Maihälfte
Blatt: Mittelgrünes Laub
Wuchs: Breit aufrecht, Höhe (10 Jahre) etwa 120 cm, Breite (10 Jahre) etwa 140 cm
Winterhärtezone: 5
Bemerkung: Interessantes Farbspiel

Foto: siehe Impressum

Foto: siehe Impressum

'Schneegold'

Herkunft: Züchtung: Hans Hachmann, 1990 eingeführt
Blüte: Reinweiß, anfangs zartrosa getönt, mit goldgelbem Fleck, Einzelblüte 7,5–10 cm Durchmesser, Blütenstutz bestehend aus 9–12 Blüten, Blütezeit: Mitte Mai bis Anfang Juni
Blatt: Dunkelgrünes Laub
Wuchs: Breit aufrecht, Höhe (10 Jahre) etwa 130 cm, Breite (10 Jahre) etwa 150 cm
Winterhärtezone: 5
Bemerkung: Großblumige Verbesserung von 'Persil'

Foto: siehe Impressum

'Soir de Paris'

Herkunft: Züchtung: Felix & Dijkhuis (NL), 1938 entstanden
Blüte: Helllrosa, dunkelrosa gestreift, kleine gelbe Zeichnung, süß duftend, Einzelblüte 5–6 cm Durchmesser, Blütenstutz bestehend aus 8–11 Blüten, Blütezeit: Mitte Mai bis Anfang Juni
Blatt: Dunkelgrünes Laub
Wuchs: Kompakt, breit aufrecht, Höhe (10 Jahre) etwa 140 cm, Breite (10 Jahre) etwa 160 cm
Winterhärtezone: 5
Bemerkung: Wenig gegen Mehltau anfällige Viscosum-Hybride

'Sunte Nectarine'

Herkunft: Züchtung: L. Rothschild (GB), vor 1969 entstanden
Blüte: Goldgelb, orangefarben getönt mit teils aprikotfarbenem Saum, außen rot geflammt, Einzelblüte 6–9,5 cm, Blütenstutz bestehend aus 8–14 Blüten, Blütezeit: Mitte Mai bis Anfang Juni
Blatt: Dunkelgrünes Laub
Wuchs: Locker, breit-aufrecht, Höhe (10 Jahre) etwa 140 cm, Breite (10 Jahre) etwa 120 cm
Winterhärtezone: 5
Bemerkung: Farblich sehr ansprechende Sorte mit besonders schönem Farbspiel

© Hachmann

'Weston's Innocence'

Herkunft: Züchtung: E. V. Mezitt (USA), um 1963
Blüte: Weiß, blass getönt, duftend, Blütezeit: Anfang bis Mitte/Ende Juni
Blatt: Dunkelgrünes Laub, glänzend
Wuchs: Breit-aufrecht, Höhe (7 Jahre) etwa 75 cm, Breite (7 Jahre) etwa 75 cm
Winterhärtezone: 5
Bemerkung: Späte Blüte, wie viele Viscosum-Hybriden unanfällig gegen Mehltau

© LWK Nds.

Wissenswertes über Rhododendron

Qualitätsmerkmale

Rhododendron werden in umfangreichen Sortimenten in allen Baumschulen und Gartenfachmärkten angeboten. Es sollte eine wüchsige, gedrungene und der Höhe entsprechend breite Pflanze ausgesucht werden, die mit Blütenknospen gut besetzt ist. Sie kann im Container oder auch mit Wurzelballen (mit oder auch ohne Ballentuch) angeboten werden. Details zur Qualitätskontrolle können Sie in den „Gütebestimmungen für Baumschulpflanzen" nachlesen, zu beziehen bei der Forschungsgesellschaft Landschaftsentwicklung, Landschaftsbau e. V. (www.fll.de), Bonn.

Der richtige Gartenstandort

Vor der Pflanzung sollte sorgsam geprüft werden, ob die grundlegenden Ansprüche der Rhododendron und Azaleen an Licht, Luftfeuchtigkeit, Klima und Boden im eigenen Garten erfüllt werden.

Rhododendron sind keine Schattenpflanzen. Im tiefen Schatten wird der Wuchs locker und sparrig, die Blühwilligkeit lässt nach. Schatten in Verbindung mit hoher Feuchtigkeit auf den Blättern kann zu Algenbildung und zur erhöhten Empfindlichkeit gegenüber Pilzbefall führen. Bei ausreichend feuchtem Boden vertragen viele Rhododendron durchaus direktes Sonnenlicht. Vor allem in sommerwarmen Regionen ist gerade bei großblättrigen Rhododendron ein lichter Schatten, beispielsweise von tiefwurzelnden Kiefern oder Eichen um die (Nach-) Mittagszeit vorteilhaft.

Rhododendron lieben ein luftfeuchtes Klima. Am Naturstandort wachsen Rhododendron in niederschlagsreichen Bergregionen, wo sie im lichten Schutz von Wäldern oder auf offenen Hängen gedeihen.

Sie brauchen einen lockeren, humushaltigen sowie wasser- und luftdurchlässigen Boden. Stauende Nässe wird nicht vertragen. Sie benötigen einen sauren Boden, der optimale pH-Wert liegt bei 4,0–5,5.

Die optimale Bodenvorbereitung

Mit etwas Vorbereitung kommen die meisten Gartenböden für Rhododendron infrage. Vor einer Anpflanzung sollte aber insbesondere der pH-Wert des Bodens festgestellt werden. Hierzu können Bodenproben an landwirtschaftliche Untersuchungsanstalten oder andere Institute geschickt werden. Im Fachhandel sind außerdem Indikatorstäbchen erhältlich, mit denen man auch selbst den pH-Wert ausreichend genau messen kann. Der pH-Wert gibt den Säuregehalt des Bodens an, der die Nährstoffverfügbarkeit stark beeinflusst. An vielen kalkreichen Standorten Mittel- und Süddeutschlands liegen die pH-Werte deutlich über 6. Bei hohem pH-Wert können dem Boden saure, organische Materialien beigemischt werden. Die einfachste und vor allem für Anfänger zuverlässigste Methode stellt das Einarbeiten von grobem Weißtorf dar. Allerdings benötigen Rhododendron nicht zwingend Torf zum Gedeihen, denn sie sind keine Moorbeetpflanzen, wie häufig fälschlicherweise behauptet wird. Alternativ zum Torf sind kompostierte Rinde mit niedrigem pH-Wert, verrottetes Laub (besonders Eichenlaub) und Nadelerde gut geeignet.

Organisches Material verbessert bei Sandböden die Wasserspeicherfähigkeit und den Nährstoffgehalt und lockert bei sandigen Lehmböden die Bodenstruktur. Bei sehr schweren Böden mit für Rhododendron ungünstigen Eigenschaften wie hohem Ton- und Lehmgehalt, Staunässe und zu hohem pH-Wert ist meistens der gesamte Austausch des Bodens nötig. Hier ist es weniger arbeitsaufwendig und kostengünstiger, ein Hochbeet anzulegen.

Neben dem Einarbeiten von saurem Humus können auch sauer wirkende Dünger (z. B. schwefelsaures Ammoniak) zum Absinken des pH-Wertes beitragen. Auf Böden mit hohen pH-Werten ab 5,5 empfehlen sich die INKARHO®-Rhododendron (Näheres unter www.inkarho.de). Aber auch hier sind eine gute Durchlüftung des Bodens und ein guter Wasserabzug Grundvoraussetzungen für ein gutes Gedeihen.

Rhododendron richtig pflanzen

Außerhalb der Frostperioden können Rhododendron aus Töpfen das ganze Jahr über gepflanzt werden. Die besten Zeiträume für eine Pflanzung sind Anfang September bis Mitte November und Anfang März bis Mitte Mai. Ein Vorteil der Herbstpflanzung ist die schnellere Wurzelneubildung.
Vor der Pflanzung wird der Wurzel- bzw. Topfballen so lange in ein Gefäß getaucht, bis der Ballen sich vollgesogen hat und alle Luftblasen entwichen sind.
Das ausgehobene Pflanzloch soll etwa dreimal so breit wie der Wurzelballen sein und etwa 10 cm tiefer als der Ballen. Der Untergrund wird gelockert und anschließend eine Schicht aus grobem Kies als Dränage eingebracht, damit ein guter Wasserabzug gewährleistet ist. Beim Einsetzen muss die Oberkante des Ballens mit dem umgebenden Erdreich auf einer Ebene liegen. Kommt der Ballen zu tief in die Erde, führt das zu Luftmangel und dadurch zur Hemmung der Wurzelentwicklung und häufig zum Absterben. Das Pflanzloch wird mit humushaltiger, saurer Pflanzerde verfüllt, Ränder und Boden der Pflanzgrube werden gelockert. Den Bodenaushub vermischt man im Verhältnis 1 : 1 mit organischem Material. Die Erde wird anschließend sanft angetreten und danach gewässert. In den ersten Wochen ermöglicht besonders bei größeren Pflanzen ein aufgeschütteter Gießrand rund um die Pflanze ein effektives Wässern. Bei Trockenheit muss in den nachfolgenden Tagen und Wochen kontinuierlich gegossen werden.
Nach der Pflanzung empfiehlt es sich, den Pflanzbereich mit einer 2–3 cm dünnen Mulchschicht aus Kiefernrinde oder Laub (kein frisches Schreddergut) abzudecken. Dadurch trocknet der Boden nicht so schnell aus und unerwünschte Wildkräuter werden unterdrückt.

Rhododendron optimal pflegen

Rhododendron sind pflegeleichte Gehölze, wenn ihre Standorte sorgfältig gewählt werden, der Boden gut vorbereitet ist und sie ausreichend mit Nährstoffen versorgt sind.

Düngung
Rhododendron und Azaleen benötigen in der Zeit von Anfang April bis Oktober eine gleichmäßige Nährstoffversorgung. Da Rhododendron Flachwurzler sind, können sie nicht aus tieferen Bodenschichten Nährstoffe aufnehmen. Schlecht ernährte Rhododendron haben ein aufgehelltes Blatt, einen geringen Triebzuwachs, bilden nur noch wenige Blütenknospen und sind anfälliger gegenüber Krankheitserregern.
Besonders gut geeignet sind chloridarme, langsam fließende Mineraldünger, die alle wichtigen Nährstoffe enthalten und sie über einen längeren Zeitraum abgeben. Von den organischen Düngern sind besonders die stickstoffreichen, aber nur langsam abbaubaren Hornspäne empfehlenswert. Auch im Handel angebotene Rhododendron-Spezialdünger können verabreicht werden. Die benötigte Düngermenge ist vom Nährstoffgehalt des Düngers und der Pflanzengröße abhängig.

Faustregel Düngermenge

Als Faustregel gilt für Großblumige Rhododendron-Hybriden, dass im Frühjahr pro cm Pflanzenhöhe 1 g mineralischer Volldünger pro Pflanze gegeben werden sollte. Eine hohle Faust fasst etwa 40 g. Kleinblumige und zwergige Rhododendron, Japanische sowie laubabwerfende Azaleen benötigen nur etwa die Hälfte der Düngermenge.

Der Dünger muss über den gesamten Wurzelballen gleichmäßig verteilt und danach gegebenenfalls eingewässert werden. Am besten wird der Dünger auf zwei Gaben (etwa vier Wochen vor der Blütezeit und vier Wochen nach der Blütezeit) verteilt. Die Düngermenge im Juni/Juli kann dabei etwas niedriger sein als im April. Bei Depotdüngern mit einer Nährstofffreisetzung über viele Monate reicht eine Düngergabe Mitte April.
Im Frühjahr neu gepflanzte Rhododendron sollten noch im gleichen Jahr nach der Blütezeit gedüngt werden, im Herbst gepflanzte Rhododendron da-

gegen erst im nächsten Frühjahr. Rasch wirksame Mineraldünger dürfen auf keinen Fall direkt ins Pflanzloch gegeben werden, da es sonst zu Wurzelverbrennungen kommt.
Wenn nach einem niederschlagsreichen Sommer die Blätter unnatürlich gelb werden, kann noch bis Anfang September eine geringe Menge (max. 20 g pro Quadratmeter) mineralischer Dünger nachgedüngt werden.

Ausbrechen von Blütenständen
Das vorsichtige manuelle Ausbrechen von verwelkten Blütenständen ist bei jüngeren, immergrünen Rhododendron empfehlenswert. Damit wird das kraftraubende Ansetzen von Samenkapseln verhindert und die Bildung von Blütenknospen sowie Neutrieben gefördert. Die Pflanzen bleiben insgesamt gedrungener. Bei älteren, größeren Pflanzen dient diese dann auch sehr aufwendige Maßnahme nur noch der besseren Optik.

Schnitt von Rhododendron
In der Regel brauchen frei stehende Rhododendren keinen Rück- oder Formschnitt, da sie sich selbst zu gut geformten Pflanzen entwickeln. Sind die Pflanzen zu groß geworden, ist bei vitalen sommergrünen Azaleen und robusten Großblumigen Hybriden ein starker Rückschnitt am besten zum Winterende hin, etwa im März, möglich. Ein leichter Korrekturschnitt oder auch ein Heckenschnitt kann nach dem Abblühen erfolgen. Von herbstlichen oder winterlichen Schnittmaßnahmen ist abzuraten, da sich die Wunden nicht mehr schließen und Pilzinfektionen und Frosteinwirkungen Folgeschäden verursachen können.

Winterschutz
Die in diesem Buch vorgestellten Sorten und Arten sind bis auf wenige Ausnahmen in mitteleuropäischen Klimazonen ausreichend winterhart. Bei der Auswahl sollte die angegebene Winterhärtezone als Orientierung gelten. In extremen Lagen mit austrocknenden Ostwinden oder in Regionen mit erfahrungsgemäß starken Temperaturwechseln (tiefer Nachtfrost und anhaltende Sonneneinstrahlung am Tag) sind zusätzliche Schutzmaßnahmen in den ersten 2–3 Jahren nach der Pflanzung empfehlenswert. Bewährt hat sich das Abdecken mit Nadelholzzweigen, Schattier- oder Frostschutzgeweben aus Vlies oder Jute.

Ein natürliches Phänomen bei Frostperioden ist das Aufrollen der Rhododendronblätter, um die Verdunstungsfläche zu minimieren.

Pflanzengesundheit

Der beste Schutz vor Krankheiten und Schädlingen sind vitale Pflanzen. Zusagende Boden- und Standortverhältnisse, eine optimale Wasser- und Nährstoffversorgung sowie die Wahl von robusten, unempfindlichen Sorten tragen hierzu bei. Hierdurch lassen sich insbesondere viele abiotische Schäden wie Stickstoff- oder Eisenmangel, Frostschäden oder Sonnenbrand verhindern oder zumindest minimieren.

© Beltz

Durch starke Sonneneinstrahlung geschädigte Blätter bei der Sorte 'Diadem'.

Trotz bester Voraussetzungen können auch Rhododendron von Krankheiten und Schädlingen befallen werden. Um wirkungsvolle Gegenmaßnahmen treffen zu können, muss der Schaderreger eindeutig bestimmt werden.

Bei den tierischen Schädlingen ist der Gefurchte Dickmaulrüssler am bekanntesten. Der nachtaktive Käfer frisst buchtenförmig von den Blatträndern, während die Larve am Wurzelhals und den Wurzeln nagt.

© Beltz

Gefurchter Dickmaulrüssler.

Helle Blattsprenkelungen entstehen, wenn die blattunterseits sitzenden Netzwanzen an den Blättern saugen. Sie verschmutzen durch Kottröpfchen auch die Blattunterseite.

Netzwanzen.

Blattsprenkelungen, verursacht durch Netzwanzen.

Knospensterben, verursacht durch die Rhododendronzikade.

Häufig tritt das Knospensterben auf, zu erkennen an den im Frühjahr abgestorbenen, mit schwarzen „Härchen“ versehenen Blütenknospen. Diese pilzliche Krankheit wird durch die Rhododendronzikade übertragen, die im Lauf des Sommers zur Eiablage unter die Knospenschuppen Löcher bohrt, durch die die Pilzsporen einbringen können. Bei den pilzlichen Erkrankungen taucht bei sommergrünen Azaleen häufiger Echter Mehltau auf, zu erkennen an gelblichen Flecken und späterem mehlartigen Belag auf beiden Seiten der Blätter. Ansonsten tauchen Blattflecken meist nur bei nicht vitalen Pflanzen und empfindlichen Sorten auf.

Die örtlichen oder regionalen Pflanzenschutzdienste stehen für Untersuchungen von Pflanzenproben und für verbindliche Aussagen zur Bekämpfung zur Verfügung. (Weitere Bilder von Schädlingen und Schaderregern unter www.rhodo.org.)

Beim Gebrauch von Pflanzenschutzmitteln sind die Herstellerangaben unbedingt zu beachten.

Deutsche Genbank Rhododendron – Vielfalt sichten, sichern, nutzen

In der „Deutschen Genbank Rhododendron“ haben sich über 50 Partner aus Baumschulen, botanischen Gärten, öffentlichen Parkanlagen und privaten Gärten zu einem Netzwerk zusammengeschlossen, um die genetische Vielfalt an Rhododendron zu erhalten. In einer Internetdatenbank lassen sich unter www.genbank-rhododendron.de u. a. die in Deutschland vorhandenen und verifizierten Arten und Sorten sowie viele nützliche Informationen abrufen.

Die Deutsche Rhododendrongesellschaft e.V.

Zu allen Fragen rund um Rhododendron finden Sie Antworten auf der Internetseite www.rhodo.org. der Deutschen Rhododendrongesellschaft (DRG) e. V.

	(Creme-)Weiß	Gelb	Orange	Rot
März/April				
April/Mai		Princess Anne (5)		Baden-Baden (4) Bengal (4) Scarlet Wonder (4)
Mai	Cunningham's White (1) INKARHO® -Dufthecke weiß (1) Edelweiß (2) Koichiro Wada (2) Gartendirektor Rieger (3) Dora Amateis (5) DIAMANT WEISS® (7)	Goldbukett (1) GOLDINETTA® (1) Lucinda (2) Marrakesch (2) Wren (5) Goldprinz® (6) Goldpracht (8) Goldtopas (8)	Viscy (1) Satschiko (7) Golden Lights (8)	Berliner Liebe (1) KARMINKISSEN® (2) KOKETTE® (2) Leuchtfeuer (2) Morgenrot (2) Rotkäppchen (4) LISETTA® (1) Fridoline (7)
Mai/Juni	BELAMI® (1) Brigitte (1) CHÂTEAU DE VILLANDRY® (1) Genoveva (1) Gomer Waterer (1) HACHMANN'S PICOBELLO® (1) Madame Masson (1) Prinses Maxima (1) Edelweiß (2) Falling Snow (2) Schneekrone (2) EISPRINZESSIN® (7) FEENKISSEN® (7) Kermesina Alba (7) MAISCHNEE® (7) SCHNEEPERLE® (7) Schneewittchen (7) Schneegold (8)	Belkanto (1) Stadt Westerstede (1) Babette (2) Golden Melodie (2) R. luteum (6) Klondyke (8) Narcissiflorum (8) Sunte Nectarine (8)	Brasilia (1) AUREOLIN® (2) Coccinea Speciosum (8) Fireball (8) Fridtjof Nansen (8) Gibraltar (8) Golden Eagle (8) Goldköpfchen (8)	Abba (1) Brokat (1) CARUSO® (1) CHERRY KISS® (1) Erato (1) Nova Zembla (1) RABATZ ® (1) Astrid® (2) Fantastica (2) Sneezy (2) MARASCHINO® (7) Maruschka® (7) Purpurkissen® (7) Feuerwerk (8) Nabucco (8) Parkfeuer (8)
Juni	Weston's Innocence (8)		Balalaika (1)	Hachmann's Feuerschein® (1) Junifeuer (1)

(1) Großblumige Hybride, (2) Yakushimanum-Hybride, (3) Willliamsianum-Hybriden, (4) Repens-Hybriden, (5) Kleinblumige Hybriden, (6) Arten und ihre Hybriden, (7) Japanische Azaleen, (8) Sommergrüne Azaleen

Hellrosa	Dunkelrosa	Hellviolett	Dunkelviolett	Violettblau
Praecox (5)				
Andrea (3) Wee Bee (5)	P. J. M. Elite (5)		Ronny (5)	*R. impeditum* (6)
Dagmar (1) Furnivall's Daughter (1) Progres (1) Loreley (2) Nicoletta® (2) Park Bremen (2) Percy Wiseman (2) Diamant Rosa® (7) Satomi (8)	Kerstine (2) August Lamken (3) Vater Böhlje (3) Mme. Albert van Hecke (7)	Inkarho® -Duft-hecke (1) lila Luisella (5) Ramapo (5) Fraseri (6) Ledikanense (7)	Hans Hachmann® (1) Libretto (1)	Azurika (5) Azurwolke (5) Blaufeder® (5) Blue Tit Magor (5) Enziana (5) Gletschernacht (5) Lauretta (5)
Diadem (1) Hachmann's Charmant® (1) Herbstfreude (1) Kokardia® (1) Scintillation (1) Silberpfeil (1) Simona (1) Arabella (2) Ballkönigin (2) Kalinka (2) Polaris (2) Graziella (6) Makiyak (6) Kermesina Rosé (7) Negligé® (7) Rosalind (7) Rosinetta® (7) Corneille (8) Fanny (8) Homebush (8) Irene Koster (8) Soir de Paris (8)	Germania® (1) Pink Purple Dream® (1) Rosabella (1) Rosa Perle (1) Roseum Elegans (1) Walküre® (1) Anuschka (2) Canzonetta (7) Kermesina (7) Melina (7) Minna-Ida (7) Vera-Maja® (7)	Blutopia (1) Catawbiense Boursault (1) Catawbiense Grandiflorum (1) Mogambo (1) Pfauenauge® (1) Bohlken's Lupinenberg® (2) Lavendula (5) Diamant Purpur® (7) Änne (7) Haruko (7) Purpurtraum (7)	Polarnacht (1) *R. keleticum* (6) Königstein (7)	
Graffito® (1) Juniduft (8)	Pearce's American Beauty (1) Spätlese (1) Drapa® (7)	R. camtschaticum (6)		

Verzeichnis Rhododenron-Sortiment

Multitalent Rhododendron – Verwendungsbeispiele

Großflächige Pflanzungen in weiträumigen Parkanlagen entsprechen dem Charakter und natürlichen Vorkommen vieler Rhododendron am besten, eine langfristige Entwicklung ist gut möglich. Besonders Großblumige Hybriden und sommergrüne Azaleen eignen sich zur Bepflanzung raumbegrenzender Gehölzsäume oder zur Uferbepflanzung von Kanälen und Teichen. Die Fernwirkung der Rhododendron kommt besonders gut zur Geltung und Sichtbeziehungen werden betont oder begrenzt.

Für kleingliedrige Pflanzungen im Hausgarten eignen sich eher schwachwüchsige Rhododendron, deren vielfältige Form- und Farbwirkung auch von Nahem gut erlebbar ist.

Vielfältige Gartensituation: Die Mischung macht's.

Beeindruckende Blickfänge für eine großzügige Parkgestaltung.

In Steingärten wachsen sonnenverträgliche Rhododendron mit dem Charakter alpiner Matten besonders gut. Auch der Zierwert des filzigen Laubaustriebs kommt hier gut zur Geltung.

Japangärten sind als stilisierte Miniaturlandschaften Naturabbildungen, die Formsprache überwiegt gegenüber dem Blühaspekt. Besonders gut wirken hierbei Gruppen von Japanischen Azaleen oder auch schirmförmig geschnittene Rhododendron im Zusammenspiel mit Steinen und Wasser.

Stehen Rhododendron in Töpfen oder Kübeln, ist ein erhöhter Pflegeaufwand beim Wässern und Düngen nötig. Gut winterharte, schwachwüchsige Rhododendron wie Yakushimanum-Hybriden gedeihen in Topfkultur gut. Die Wirkungen eines zierenden Blattes, eines ansprechenden Wuchses oder auch beispielsweise des Blütendufts sind unmittelbar erlebbar.

© Schepker

Faszinierende Pflanzen, nicht nur zur Blüte.

© Park der Gärten

Japangarten im Park der Gärten Bad Zwischenahn.

Azalee als Bonsai-Pflanze.

2–3 Wochen Blütenpracht – und dann ?

Viele Rhododendron sind nicht nur prächtige Blütengehölze, sondern auch außerhalb der Blütezeit mit einer interessanten Belaubung oder einer leuchtenden Herbstfärbung attraktiv.

Rhododendron und ihre Begleiter

Begleitpflanzen sorgen für eine zeitliche Ergänzung der Rhododendronblüte, lockern eine Pflanzung auf und beleben durch andere Strukturen und Texturen. Begleitpflanzungen wie bodendeckende Stauden dienen als „Pufferflächen" für die räumliche Entwicklung der Rhododendron oder sorgen als schattenspendende Laub- oder Nadelgehölze für den Aufbau und die Sicherung eines Bestandskleinklimas. Die Begleiter sollten die gleichen Standortansprüche wie Rhododendron haben und keine übermäßige Konkurrenz um Wasser und Nährstoffe darstellen. Sie sorgen so für harmonische und attraktive Gartenbilder.

Filziges Haarkleid (Indumentum) am Laubaustrieb als zweiten, sommerlichen Zierwert.

Farblich harmonierende Stauden als Pufferfläche zwischen R. Yakushimanum-Hybriden.

Eine große Vielfalt an geeigneten Zwiebelgewächsen, Stauden, Farnen und Gräsern sowie Laub- und Nadelgehölzen lassen sich mit Rhododendron und Azaleen bestens kombinieren und so kontrastreiche, spannungsvolle und dauerhafte Pflanzungen gestalten.

Damit ist eine auch zu anderen Jahreszeiten erlebnisreiche Rhododendronpflanzung zu gestalten, bei der die Alpenrosen die Aufgabe von Gerüst- und Strukturpflanzen übernehmen. Rhododendron wachsen auch an den Naturstandorten nicht solitär, sondern in Gemeinschaft mit anderen Pflanzen.

Schaumblüte *(Tiarella cordifolia)* als konkurrenzschwache Pflanzung vor Jap. Azaleen.

Verzeichnis der deutschen Pflanzennamen

A

B

D

E

F

G

H

Z

Literatur

Auders, A. G., Spicer, D. P. (2012): Encyclopedia of Conifers. Vol. 1–2. Nicosia: Kingsblue Publishing Limited in association with Royal Horticultural Society.

Bärtels, A. (2001): Enzyklopädie der Gartengehölze. Stuttgart: Verlag Eugen Ulmer.

Bruns Pflanzen (2012): Sortimentskatalog 2012/2013. Bad Zwischenahn: Bruns Pflanzen Export GmbH & Co. KG.

Debreczy, Z., Rácz, I. (2011): Conifers around the World. Vol. 1–2. Budapest: Dendropress Ltd.

Deutsche Rhododendrongesellschaft e. V. (Hrsg., 2012): Broschüre „Rhododendron richtig pflanzen und pflegen“, Selbstverlag

Farjon, A. (2010): A Handbook of the World's Conifers. Vol. 1–2. Leiden: Koninklijke Brill NV.

Gelderen, D. M. van, Hoey Smith, J. R. P. van (1996) Koniferen-Atlas. Bd. 1–2. Stuttgart: Verlag Eugen Ulmer.

Hachmann, H. (2009): Leidenschaft Rhododendron, Sortimentsbuch 2009–2013, Fachbuch und Ratgeber. Barmstedt: Baumschule H. Hachmann.

Heinze, W., Schreiber, D. (1984): „Eine neue Kartierung der Winterhärtezonen für Gehölze in Mitteleuropa“. Mitteilungen der Deutschen Dendrologischen Gesellschaft , 11–65.

Hillier Nurseries Limited (1991): The Hillier Manual of Trees & Shrubs. 6. Edition. Winchester: Hillier Nurseries Limited.

Informationsblätter des Pflanzenschutzamtes der Landwirtschaftskammer Niedersachsen

Internetseite der Deutschen Genbank Rhododendron (www.genbank-rhododendron.de)

Kataloge führender Baumschulbetriebe

Kindel, K.-H. (1995): Kiefern in Europa. Stuttgart; Jena; New York: Gustav Fischer Verlag.

Kröger, G. W., Rauch, D., Bürstinghaus, C. (2003): BdB-Handbuch „Nadelgehölze und Rhododendron“. Tornesch: Verlagsgesellschaft „Grün ist Leben“ mbH.

Landwirtschaftskammer Weser-Ems (Hrsg., Bearbeiter: Walter Schmalscheidt, 1986/1990/1995): Rhododendron-Sorte im Sichtungsgarten der Lehr- und Versuchsanstalt für Gartenbau Bad Zwischenahn – Band 1, 2 und 3, Gartenbild Heinz Hansmann, Rinteln

Müller, H.-R. (2012): Handbuch der Gehölze. Bautzen: Sämann Pflanzenkontor GmbH.

Roloff, A., Bärtels, A. (2008): Flora der Gehölze. 3. Auflage. Stuttgart: Verlag Eugen Ulmer.

Schmalscheidt, W. (1998): Rhododendron- und Azaleenzüchtung in Deutschland, Selbstverlag

Terhechte, U., Spethmann, W. (1996): Monographie der Familie Taxodiaceae. Rinteln: Verlag Gartenbild Heinz Hansmann.

Japangarten im Park der Gärten Bad Zwischenahn.